Ernst Peter Fischer

Das Licht, das Leben und die Liebe

Meiner Frau

zur Goldenen Hochzeit 2021

Bibliografische Information der Deutschen Nationalbibliothek
Die Deutsche Nationalbibliothek verzeichnet diese Publikation in der Deutschen Nationalbibliografie; detaillierte bibliografische Daten sind im Internet über http://dnb.de abrufbar

Erstauflage, Version 1.01
Umschlaggestaltung unter Verwendung einer Grafik von Karl Bednarik, licensed under CC BY-ND 2.0
Herstellung: BOD – Books on Demand GmbH., Norderstedt

ISBN 13: 978-3-95612-037-4

Ernst Peter Fischer

Das Licht, das Leben und die Liebe

Die geheimnisvolle Beziehung
zwischen Quanten, Genen und Goethe

opus magnum

Inhalt

„Es werde Licht!"
So sprach einmal ein Gott,
der sich danach daran machte,
das Leben zu erschaffen,
in dessen Verlauf Menschen Liebe erfahren können.
Dank dieser Liebe wird neues Leben entstehen,
das zuerst das Licht der Welt erblickt
und sich später darüber wundert,
wieviel Geheimnisse sie alle drei enthalten,
das Licht, das Leben und die Liebe.
Dieser Dreiklang erfüllt die Menschen,
die hörbar mit einem Zauberwort antworten.

Licht und Leben

„Licht und Leben" – so lautete der wohlklingende und vielversprechende Titel einer Vorlesung, bei der eine festliche Versammlung dem großen Dänen Niels Bohr Anfang der 1930er Jahre in Kopenhagen lauschte, als der in seiner Heimat hochverehrte Nobelpreisträger für Physik versuchte, seiner Naturwissenschaft eine neue Richtung zu geben und sich nach dem Licht dem Leben zuzuwenden.

Der knapp fünfzigjährige Bohr hatte als berühmtester und vom Volk geliebter Sohn seines Landes überraschend die freundliche Einladung angenommen, einen Kongress für Lichttherapie zu eröffnen, und nun stand er zwar vor dem Publikum mit den Tagungsgästen, um seine Ideen vorzutragen, er musste dabei aber vor allem hartnäckig mit dem Rednerpult kämpfen, das durch einen verborgen bleibenden Mechanismus in Bewegung geraten war und sich nun hob und senkte und wieder hob und wieder senkte. Niemand wagte es, dem beherzt das Pult packenden und kraftvoll niederdrückenden Mann ohne dessen Bitte auf der Bühne zu nahe oder gar zu Hilfe zu kommen. Dazu war der als Vater der Atomphysik bewunderte und zudem als enger Freund von Albert Einstein angesehene und in seiner Jugend als erfolgreicher Fußballtorwart öffentlich gefeierte Redner zu berühmt.

Außerdem schien das Auf-und-Ab Bohr nicht aus der Fassung zu bringen, denn während der philosophierende Physiker mit seinen Armen auf der Bühne beschäftigt war und energisch versuchte, das Rednerpult nach unten zu drücken oder wenigstens festzuhalten, ließen sich aus seinem Mund unablässig weitere Gedanken zu der Verbindung von „Licht und Leben“ vernehmen, und seine bei allem Muskeleinsatz fast liebevoll ausgesprochenen und schwebend dahinplätschernden Worte schienen durchgehend sowohl etwas über das Licht mitteilen als auch sich dem Leben zuwenden zu wollen, obwohl vermutlich kaum jemand genau verstanden oder gemerkt hat, worauf Bohr hinaus und was er letztlich sagen wollte.

Die Aufmerksamkeit der Zuhörer litt nämlich neben der Ablenkung durch das auf- und abfahrende Pult zusätzlich darunter, dass der ohne Manuskript vortragende Bohr schon bald in die ärgerliche Gewohnheit verfallen war, seine Gedanken in einem murmelnden Mischmasch aus Dänisch, Deutsch und Englisch von sich zu geben, wobei die Zuhörer noch von Glück reden konnten, dass Bohr beim Reden auf dem Podium seine Pfeife nicht in den Mund stecken durfte, wie er es gerne machte, wenn er mit seinen Kollegen oder Studenten aus fremden Ländern mehrsprachig über Fragen der Wissenschaft stritt und über die Atome diskutierte.

Natürlich ging die Pfeife bei Bohrs intensiven Einmischungen dauernd aus, aber während er ein nächstes Streichholz anzündete und den Tabak neu anfeuerte, gab es für seine Mitstreiter etwas Zeit, Atem für den andauernden Dialog zu schöpfen, in dessen Verlauf Bohr immer munterer wurde, während er seine bohrenden Sätze mit den allmählich sich erschöpft zeigenden Partnern als Trost zugedachten Worte einleitete, „wir sind uns viel mehr einig als Sie denken“.

Wahrheit und Klarheit

Bohr ging bei seinem Reden und seinen Vorträgen so vor, weil er die Meinung vertrat und verkörperte, dass auf seinem Feld Wahrheit und Klarheit nicht gleichzeitig zu haben waren und sich folglich die vordergründig und oberflächlich durch Klarheit glänzenden Sätze sich nicht dadurch von anderen abhoben, dass sich eine lohnende oder gar tiefe Wahrheit in ihnen aufdecken oder finden ließ.

Diese philosophische Einstellung hatte Bohr als eine Lektion seiner Wissenschaft im frühen 20. Jahrhundert lernen und annehmen müssen, als ihre Vertreter das Licht und die Atome ins Visier nahmen. Die dazugehörige erstaunliche Entwicklung hatte den Physikern in der Zeit vor und nach dem Ersten Weltkrieg zwar zur allgemeinen Verblüffung, aber trotzdem unabweisbar und sehr deutlich zu verstehen gegeben, dass sich die ergebenden und nachweislich überprüfbaren wissenschaftlichen Wahrheiten – etwa Sätze wie „Licht pflanzt sich als Welle fort“ oder „Materie ist aus Atomen aufgebaut“ – vor allem dadurch auszeichneten, dass nicht nur sie stimmten, sondern auch ihr Gegenteil zutraf. Lichtstrahlen bewegten sich nämlich ebenfalls wie ein Strom aus Teilchen, wie der überlebensgroße Einstein bereits 1905 erkannt hatte – und was ihn höchst verstörte und verwirrte –, und als die Physiker in den 1920er Jahren nach einem Akt der Verzweiflung endlich eine Theorie der Atome aufstellen konnten, mussten sie zu ihrer Verwunderung schockiert feststellen, dass diese seit der Antike bekannten und benannten und als unteilbar angesehenen Partikel alles Mögliche, nur keine konkreten Kügelchen waren, aus denen sich die Materie Stück für Stück aufbauen und wie mit winzigen Legosteinen zusammensetzen ließ.

Die Atome, in denen man das zu finden meinte, was die Welt im Innersten zusammenhält, konnten selbst keine Substanz sein. Sie zeigten keinen inneren Halt, wie fassliche Dinge es tun. Sie ließen eher so etwas wie Auflösungserscheinungen und gähnende Leere erkennen, indem sie sich als Wolken aus Wahrscheinlichkeiten verflüchtigten, wenn man ihnen zu nahe trat – was übrigens jedem, der vor der im Winter 1938 erfolgenden Entdeckung der Kernspaltung verkündet hätte, man solle versuchen, die Energie der Atome anzuzapfen und freizusetzen, wie es in den 1940er Jahren mit den Atombomben geschehen ist, nicht nur dem Gelächter der Kollegen ausgesetzt sondern auch seinen Job gekostet hätte.

Die Physik hatte im frühen 20. Jahrhundert wahrlich einen dramatischen Umsturz im Weltbild der Wissenschaft erleben müssen, dessen ökonomische und soziale Auswirkungen bis heute zunehmen und immer mehr zu spüren sind, auch wenn Historiker davon wenig wissen wollen und die damit einhergehende Geschichtsvergessenheit dafür sorgt, dass das Verständnis der Gegenwart höchst unzureichend bleibt, während die Gesellschaft das schwarze Loch der Wissenschaft umkreist.

Als Bohr in den 1930er Jahren auf dem Podium in Kopenhagen mit dem Pult und den Worten kämpfte, wollte er der Festversammlung nicht nur von diesen ungeheuren Umwälzungen erzählen, sondern auch weiterführend überlegen, welche Möglichkeiten sich etwa für die Biologie als einer exakter werdenden Wissenschaft vom Lebendigen aus der neuen Physik ergeben würden. Was bedeutete konkret die Doppelnatur des Lichts, Welle und Teilchen zugleich sein zu können und damit geheimnisvoll und attraktiv zu bleiben, für das Verständnis und die Erforschung des Lebens, das doch im Licht aufblühte und in seiner Vielfalt sicher noch mehr Geheimnisse enthalten musste und die wissenschaftliche Neugier anstacheln konnte?

Im Gegensatz zu vielen seiner Kollegen – vor allem im Gegensatz zu Einstein – liebte Bohr die ihm zwar aufgezwungene, trotzdem aber einleuchtende und sympathische Unmöglichkeit, die Wahrheit in wenigen Worten klar auszusprechen, denn so konnte er sich beim Reden vergnüglich daran machen, seine Gedanken in immer neuen Anläufen und Formulierungen allmählich zu verfertigen, wie es ein Romantiker namens Heinrich von Kleist überhaupt empfohlen und als sinnvoll erkannt hatte.

Bohr ließ beim Sprechen seine Gedanken laufen und kreisen, um bei diesen Bewegungen wenigstens nach und nach dem hehren und bekannten Ziel eines wissenschaftlichen Verstehens näher zu kommen, was seine Freunde liebevoll mit der Bemerkung kommentierten, dass keiner besser als Bohr die Wahrheit – über das Licht oder das Leben – so ausdrücken konnte, dass sie ihr Geheimnis behielt, nämlich so verborgen und unklar blieb wie möglich und wie oben angedeutet. Da gab es keinen Schleier, den ein Jüngling oder eine Jungfrau keck oder rasch im Vorübergehen lüften konnte, um sich anschließend der Wahrheit gegenüber zu finden.

Wenn überhaupt, dann konnte der oder die Suchende oder Versuchende sich im Akt der Entschleierung nur selbst begegnen, wie der romantische Dichter Novalis vor 1800 allgemein geschrieben hatte und wie die Physiker in den 1920er Jahren persönlich und leibhaftig erfahren konnten, als die ersten von ihnen bei den Atomen angekommen waren und sich dabei tatsächlich nur noch selbst, ihren eigenen Formen – oder mathematischen Formeln – begegneten.

Im Innersten der Welt gab es nur die Spuren von Menschen selbst, die sich allerdings bald weniger in der Lage zeigten, das alles zusammenzuhalten und stattdessen unbeherrscht anfingen, das Gegenteil zu versuchen, nämlich die Welt in die Luft zu sprengen, mit der Energie von ganz innen – wobei zu ergänzen ist, dass die Wissenschaft von der Politik dazu gezwungen und aufgefordert wurde.

Das tiefere Geheimnis

Wenn der folgende Satz auch zunächst Mühe macht oder anfangs eher noch komisch klingt, so kann man trotzdem an dieser Stelle und mit dieser Vorgabe die tiefste philosophische Einsicht der modernen Naturwissenschaften des 20. Jahrhunderts benennen, die sich leider noch nicht sehr weit herumgesprochen hat und auf ihre verständnisvollen Befürworter wartet. Sie besteht schlicht und einfach darin, dass die Erklärungen der Naturwissenschaften die Geheimnisse der Natur weder lüften noch lösen können und sie stattdessen ungemein erweitern und vertiefen.

Eine wissenschaftliche Erklärung hebt kein Geheimnis auf, sie zeigt vielmehr die wundersame Tiefe der zu erfassenden Phänomene und lässt ihre bleibenden Geheimnisse aufscheinen, und diese Tatsache kann Menschen zum Staunen und Wundern verleiten, was man insgesamt mit den Worten ausdrücken kann, dass die Welt mit Hilfe der Wissenschaft romantisiert und verzaubert wird. Man muss nur bereit sein, sich auf sie einzulassen und sie damit in sein Leben ein zu lassen.

Diese Sicht kann für Neugierige an einem einfach beginnenden und verwunderlichen Beispiel vorgeführt werden, von denen sich eine Fülle in meinem Buch „Die Verzauberung der Welt“ finden lässt. Hier soll es nur um den freien Fall gehen, also um den unübersehbaren Sachverhalt, dass Gegenstände nach unten auf die Erde fallen, was noch bei Aristoteles vom Ziel her erklärt wurde. Schwere Gegenstände haben eben ihren Platz unten, und da wollen und purzeln sie hin.

Seit dem 17. Jahrhundert versuchen Menschen, der Natur kausal zu Leibe zu rücken, und seit den Tagen von Isaac Newton sprechen sie von einer Schwerkraft, die das Fallen bedingt. Wer sich so äußert, kann dabei nicht verharren. Er oder sie muss jetzt vielmehr diese Kraft erklären, wozu seit dem 19. Jahrhundert ein Gravitationsfeld zur Hilfe genommen wird. Mit seiner Ausdehnung im Raum kann die Erdmasse den Apfel überhaupt nur erreichen, der vom Baum fällt und dabei zum Beispiel Newtons Kopf trifft. Natürlich stellt sich nach diesem Treffer die Frage nach der Herkunft des Kraftfeldes, mit dem die Erde Gegenstände zu sich hinzieht, und an dieser Stelle kann der Neugierige Auskunft von Einstein bekommen, der in seiner Allgemeinen Relativitätstheorie von 1915 der Gravitation auf die Schliche gekommen und gezeigt hat, dass es die Krümmung der Raumzeit durch die Materie ist, die für die Schwerkraft und den freien Fall sorgt. Spätestens jetzt merkt man, welche Tiefe den Geheimnissen der Physik zukommt, und man kann sich über diese Dimension der Wissenschaft nur wundern, die doch alles zu erklären scheint – wie man vermutlich immer noch in der Schule beigebracht bekommt.

Der Mann in der letzten Reihe

Zurück zu Bohr und seiner Rede vor dem Kongress in Kopenhagen. Es ist leicht vorstellbar, dass ein Publikum, das sich in den 1930er Jahren für Lichttherapie interessierte, weniger an Bohrs Gemurmel interessiert war und endlich zu den Fachvorträgen kommen wollte. Das Verlangen nach dem neuen Weltbild der Physik hielt sich wahrscheinlich ebenfalls in vornehmen Grenzen, und mit den dunklen sprachlichen Bemühungen des Redners um die philosophischen Subtilitäten der Atomtheorie wussten die Therapeuten wahrscheinlich nur wenig anzufangen. Der größte Teil der geladenen Gäste wartete vermutlich eher unruhig auf das hoffentlich näher kommende Ende des Vortrags – mit einer Ausnahme, auf die der Text nach einer Vorbemerkung zuläuft und mit der die eigentliche Geschichte beginnt.

Galt schon der mündliche Vortrag Bohrs manchen Menschen als Zumutung, so gab es Leute, die später verfasste schriftliche Fassungen seiner Gedanken sogar als „Verbrechen am Lesepublikum" betrachteten, weil der berühmte Sohn Dänemarks erstens unter keinen Umständen einen Satz schreiben oder publizieren wollte, der sich irgendwann einmal in ferner Zukunft als falsch herausstellen könnte, und weil Bohr deshalb zweitens seine Ausdrucksweise im Rahmen von endlosen Überarbeitungen immer länger und gewundener werden ließ, um in und mit ihnen möglichst alle experimentellen Gegebenheiten und Erfahrungen einzubeziehen oder künftig zu erwartenden Einwänden jetzt schon einmal Rechnung zu tragen und sich auf diese Weise einer Widerlegung durch sie wortreich entziehen zu können.

„Verbrechen am Lesepublikum“ – dieses zugegeben harsche Verdikt stammt von dem 1969 mit dem Nobelpreis für Medizin ausgezeichneten Biophysiker Max Delbrück, der als gebürtiger Berliner nach seiner Promotion in Göttingen mit einem Stipendium der amerikanischen Rockefeller Stiftung als junger Postdoc bei Bohr in Kopenhagen weilte und in der letzten Reihe Platz genommen hatte, als der Lichttherapiekongress eröffnet werden sollte und das Podium auf der Bühne nicht aufhörte, dem Redner Schwierigkeiten zu bereiten.

Den jungen Delbrück kümmerte das Nebensächliche allerdings überhaupt nicht. Er wartete im Gegensatz zu den anderen Zuhörern im Saal nicht gelangweilt auf das Ende von Bohrs Ausführungen, sondern im Gegenteil gespannt auf den einen großen Gedanken seines Meisters, der die beiden angesprochenen und spannungsreichen Themen – das Licht und das Leben – so verbinden würde, dass sich damit eine neue Forschungsrichtung zeigte, die der junge Mann anschließend einschlagen wollte, um mit deren Hilfe zu großen Einsichten zu kommen und vielleicht sogar berühmt zu werden.

Ziele dieser Art hatte sich Delbrück bereits gesetzt, als er in seinen Studententagen erleben konnte, wie eine neue Physik der Atome entstanden war, die heute als Quantenmechanik in den Lehrbüchern steht und deren Anwendung inzwischen die Welt in ihrem Alltag maßgeblich und unnachgiebig beeinflusst hat. So etwas wie die Transistoren und Chips in einem iPhone konnten Menschen nämlich nur entwickeln, weil ihnen dazu seit den 1920er Jahren die Quantenmechanik zur Verfügung stand, von der der junge Bohr meinte, man würde verrückt, wenn man sie zu verstehen versucht.

Übrigens – als Bohr sich so äußerte, wurde der damals noch mit seinem Studium beschäftigte Delbrück ebenfalls verrückt, aber aus einem anderen Grund. Er fand eine mathematisch abgeschlossene Theorie vor, zu der man vielleicht noch Kleinigkeiten beitragen konnte, die aber kaum noch Aussichten bot, in ihrem Rahmen etwas Großartiges zu leisten.

Doch so bewundernswert die neue Theorie der Atome damals ausschaute und so eindrucksvoll sie bis heute dasteht – tatsächlich brachte die Physik der atomaren Sphäre namens Quantenmechanik mit ihren irrationalen Elementen viele Wissenschaftler seit ihrem Erscheinen an den Rand der Verzweiflung, und zwar nicht zuletzt deshalb, weil sich das merkwürdige Gebilde mit imaginären Zahlen in immer neuen experimentellen Überprüfungen als völlig korrekt erwiesen hat, ohne dabei ihr eigentliches Geheimnis preiszugeben, und das ist bis heute so geblieben.

Das heißt, die Theorie mit den Quantensprüngen – die Quantenmechanik – kann höchst genau und auf viele Stellen hinter dem Komma berechnen, was bei der sorgfältigen Vermessung von Naturphänomenen herauskommt. Zugleich bleibt den Physikern aber bei allem Wissen verborgen oder verschlossen, wie sich die berechenbare Wirklichkeit auf der Bühne des atomaren Geschehens tatsächlich abspielt, die ihre erfolgreiche Theorie doch so sauber erfasst.

Jeder würde zu gerne wissen, was passiert, wenn Atome etwas Energie abgeben und als Licht aussenden. Aber man kann bislang ja nicht einmal die Frage klären, wie etwa Atome, Lichtteilchen oder Elektronen aussehen oder modelliert werden können. In solchen Fällen ist zwar inzwischen die erstaunliche Antwort zu hören, dass die so benannten Gegebenheiten überhaupt kein Aussehen haben und höchstens die Form annehmen, die Menschen ihnen geben. Aber wie kommt man als Physiker mit dieser Auskunft weiter? Natürlich muss es einem gefallen, wenn sich das, was die Welt im Innersten zusammenhält, als kreatives Phantasieprodukt von Menschen erweist, aber was soll jemand machen, wenn ihm das alles bekannt ist und von ihm als Wissen akzeptiert wird?

Die seltsame Feststellung, dass Atome kein Aussehen haben, kommt Kunstschaffenden oder –

interessierten vertraut vor, wenn man sich an die Frage des Malers Willi Baumeister erinnert, die er in seinem Buch über „Das Unbekannte der Kunst“ gestellt hat. Dem Schöpfer einer Bilderserie mit dem geheimnisvollen Namen „Montaru“ erschien es nämlich fraglich, ob die Natur überhaupt „aussieht“, wie er schreibt. Und Baumeister schloss daran die von Physikern des 20. Jahrhunderts begrüßte Spekulation an, „es könnte sein, dass die Augen ein Netzwerk ins Dunkel auswerfen, das eine dem Menschen erfassbare Welt durch den Menschen selbst entstehen lässt“.

Dieser Satz erweckt bei jemanden, der mit der historischen Entwicklung der Atomphysik vertraut ist, den Eindruck, als ob Baumeister dem 24jährigen Werner Heisenberg über die Schulter geschaut habe, als der Physiker 1925 als junger Mann in einer Nacht auf Helgoland seine inneren Augen im damaligen Dunkel seiner Wissenschaft zu öffnen lernte und dabei eine mathematische Struktur zum Vorschein und aufs Papier brachte, mit der sich die Welt der Atome erfassen ließ. Der Maler Baumeister hat aus künstlerischer Sympathie verstanden, wie es bei der Kreation der Quantenmechanik zugegangen ist, was es aber noch viel unverständlicher macht, warum diese grandiose Schöpfung von Wissenschaftlern im deutschen Bildungskanon von den dafür zuständigen beamteten Pädagogen in den Kultusministerien einfach unterschlagen oder gerne übergangen wird.

Man studiert und liest in den einschlägigen Intellektuellenkreisen nach wie vor lieber den Philosophen Heidegger als den Physiker Heisenberg und fühlt sich dabei merkwürdig wohl.

Vom Licht zum Leben

Vielleicht hat Bohr auf dem Podium das schöpferische Moment seiner Wissenschaft angesprochen und Gedanken der oben erwähnten Art dreisprachig vor sich hin gemurmelt, aber selbst wenn – Delbrück in der letzten Reihe hätte die dazugehörigen Schlenker nicht zur Kenntnis genommen. Er wollte von seinem Lehrer etwas anderes und genauer hören, wie die Physiker auf die Doppelnatur des Lichts überhaupt stoßen konnten und wie sie reagiert haben, als sie plötzlich merkten, dass sich nicht mehr sagen ließ, ob sich da eine Welle bewegte oder ob die Lichtstrahlen als ein Strom aus Teilchen (Partikeln) Räume durchquerten und dabei erhellten. Und was ließ sich aus solch einer Situation für das Leben und sein wissenschaftliches Verständnis lernen? Wie kam die Physik vom geheimnisvollen Licht zum wunderbaren Leben?

Allmählich wurde Delbrück unruhig, doch gegen Ende seines Vortrags tat ihm Bohr schließlich den Gefallen. Der Vortragende schaute sein Publikum mit einem versöhnlichen Lächeln an und meinte, es wahrscheinlich jetzt eher verwirrt als erleuchtet zu haben, aber ihm selbst – Bohr – sei ja auch nicht klar, wie sich eine dem Licht nachempfundene Doppelnatur im Leben konkret zeigen und nachweisen lassen würde. Sie müsste seiner Ansicht nach zweifellos zu finden sein, wenn man auf der Suche danach so vorgehe, wie es die Physiker beim Licht gemacht haben oder glücklicherweise machen konnten. Und dann unterbreitete Bohr seinen Vorschlag, der sowohl Delbrücks Leben radikal veränderte als auch der Menschheit in den kommenden Jahrzehnten eine neue Wissenschaft der Genetik schenkte – die Molekularbiologie.

Bohr wies in plötzlich eher schlichten und klar zu verstehenden Worten darauf hin, dass die Physik die alte Mechanik nur deshalb abstreifen und eine neue Quantenmechanik auf die Beine stellen konnte, weil ihr ein höchst einfaches Atom zur Verfügung stand, mit dem sie arbeiten konnte. Er meinte das Wasserstoffatom mit seinem einsamen Elektron, das sich einem ebenso einsamen Proton zugesellt und mit ihm zusammen Quantensprünge ausführen kann, um so den biblischen Befehl „Es werde Licht!“ ausführen zu können.

Bei einer derart einfachen Konstellation mit nur zwei Teilen in einem Atom konnten die Physiker – so Bohr – die dazugehörigen Gesetze zuerst nach und nach ahnen und erraten, bevor sie sich daran machen konnten, die saubere und sorgfältige Ausarbeitung der dazugehörigen mathematischen Feinheiten vorzunehmen. Wenn das kleinste Atom zum Beispiel Eisen oder Kohlenstoff gewesen wäre, würden die Physiker heute noch ratlos vor den Experimenten und ihren komplizierten Ergebnissen stehen, wie Bohr meinte. Wenn die Erkundung des Lebens vorankommen und das gleiche Niveau wie seine Wissenschaft erreichen wolle, dann müsse sie das Wasserstoffatom des Lebens finden und an ihm tastend und ahnend erkunden, wie sich seine grundlegenden Eigenschaften entwickeln und verändern.

Bohr meinte konkret die Vererbung und beklagte, die zu seiner Zeit aktuelle Genetik kümmere sich zu sehr – wenn auch erfolgreich – um Fliegen, Heuschrecken, Mäuse und Bohnen. Das sei sicher wichtig und bringe Erträge, die Wahl dieser Organismen versperre aber möglicherweise den Blick auf das Besondere und grundlegend Neue auf dem genetischen Feld der Forschung, das sich den Physikern beim Wasserstoff offenbart und zu dem neuen Weltbild geführt habe, in dem die Atome und ihr Licht ein ungewohntes Gebaren zeigten, wie es beim Leben zu finden sein sollte.

Das Wasserstoffatom der Biologie – auf solch eine Idee hatte der Mann in der letzten Reihe gewartet. Dieses Gebilde zu finden sah Delbrück von dem Moment als seine Hauptaufgabe an, in dem Bohr eine Rede beendet hatte, und er wollte zudem in seinem dazugehörigen Bemühen im Leben die Art von Doppelnatur finden, die zum Verständnis von Licht gehörte, das sich sowohl als Welle als auch als Teilchen auffassen ließ und somit die Menschen allein durch dieses unauflösbare Geheimnis entzückte.

Wie sähe die Welt aus, wenn man das Licht wie Glas durchschauen könnte und es kein Geheimnis mehr in sich verschließen würde?

Das Zauberwort

Um diese Entzweiung (Zweiteilung) oder Dualität oder Polarität umfassender und philosophisch einordnen zu können, hatte Bohr übrigens ein kompliziertes Kunstwort eingeführt, nämlich die von ihm beinahe als Zauberwort verstandene Idee der „Komplementarität“, in dessen Bezeichnung das lateinische „completum“ steckt, was das Ganze erfasst, auf das es Bohr ankam. Mit Hilfe dieses Begriffs konnte er Welle und Teilchen als komplementäre Bilder vorstellen, mit denen Menschen Licht zu erfassen versuchen, wobei „komplementär“ konkret meint, dass sich die benutzten Bilder zwar oberflächlich widersprechen, aber in der Tiefe zusammengehören und erst in ihrem Wechselspiel das Phänomen als Ganzes – komplett – begreifen lassen.

Komplementäre Beschreibungen bleiben bei ihrer Konfrontation gleichberechtigt bestehen, sie halten sich als These und Antithese die Waage, ohne eine Synthese einzugehen, was jeder Erkenntnis dieser Art eine unauflösbare Spannung gibt – etwas, das Bohr und Delbrück liebten, vor allem und gerade, weil die Phänomene dabei ihre Faszination behielten und ihre lockenden Geheimnisse bewahrten, um auf diese gefühlvolle Weise den Menschen immer wieder das Staunen und Wundern zu ermöglichen, mit dem nicht nur die Kreativität in Kunst und Wissenschaft beginnt.

Das Wasserstoffatom der Biologie

Das Wasserstoffatom der Biologie zu finden, das war natürlich leichter gesagt als getan, und als Delbrück den Vortragssaal in Kopenhagen verließ, musste er zunächst zurück zu seinen physikalischen Themen wie der Bindung von Atomen zu Molekülen, die es ebenso zu verstehen galt wie deren Stabilität in Raum und Zeit. Doch nach der Rückkehr in seine Heimatstadt Berlin schaute er sich dort nach Genetikern um, mit denen sich Bohrs Vorschlag erörtern oder gar aufgreifen ließ, wobei sich Delbrück von den vielen Eigenschaften des Lebens – Wahrnehmung, Stoffwechsel, Wachstum, Evolution – auf die Vererbung und ihre Abläufe konzentrierte, wie Bohr es vorgeschlagen hatte. Bei Atomen galt es, deren Stabilität zu erklären, beim Licht galt es, dessen Ausbreitung zu erfassen, und beim Leben ging es um dessen Fähigkeit, immer wieder neues Leben hervorzubringen.

Die sich damals darum bemühenden Genetiker konnten seit den 1930er Jahren verlässlich sagen, dass es wohlgeordnete Gebilde in den Zellen gab, mit denen Organismen einige ihrer Eigenschaften an die Nachkommen weitergaben. Man sprach seit dem frühen 20. Jahrhundert von Genen, ohne zu wissen, woraus sie bestanden und wie sie ihre Aufgabe erfüllten (womit man bis heute Schwierigkeiten hat, auch wenn manche Berichte in den medialen Magazinen einen anderen Eindruck erwecken).

In Berlin gab es einen russischen Genetiker namens Nikolai Timofejew-Ressowski, der mit Fliegen arbeitete und nach solchen Veränderungen (Mutationen) in deren Erbgut suchte, die Einfluss auf die Entwicklung der Hirnstruktur zeigten, und ihn sprach Delbrück an. Fliegen, Hirne, Entwicklung – das klang für seine Ohren nach Bohrs Rede zwar alles viel zu kompliziert, aber die Hinweise auf Mutationen von Genen weckten das Interesse des Physikers, schließlich mussten sie in der veränderten Form so stabil bleiben und wirken wie das ursprüngliche Gen, und diese Situation erinnerte Delbrück an die Untersuchungen zur Radioaktivität, die damals unter anderem von Lise Meitner in Berlin durchgeführt wurden, in deren Institut er als Assistent arbeiten konnte.

Radioaktive Atome konnten durch Aussendung von Strahlung von einem stabilen Element zu einem anderen wechseln – etwa vom Uran zum Strontium oder vom Cäsium zum Barium –, und wenn Gene – auf welche Weise auch immer – von einer stabilen Form in eine andere – eben ihrer Mutation – übergehen konnten, lag dann nicht der Gedanke nahe, dass sie als ein Verband aus Atomen, als ein Atomverband in einer Zelle existierten?

Delbrück war der erste, der diesen heute selbstverständlichen Gedanken aussprach, was einen Leser aber nicht daran hindern sollte, einmal staunend innezuhalten und sich zu wundern, welche gewundenen Wege die Wissenschaft gehen musste, um zu den Genen zu kommen – wobei ausgerechnet die Physiker die Führung übernahmen, die dabei natürlich ihr Denken nicht an einer Garderobe zurückließen und es nach und nach der Biologie und dem Verständnis des Lebens aufprägten – mit Nachwirkungen bis in die Gegenwart.

Da Radioaktivität mit Licht einherging und vielen anderen Strahlungen zu tun hatte, wunderte sich Delbrück nicht, dass auch Genveränderungen damit in Verbindung zu bringen waren, wenn auch genau anders herum. Während radioaktive Atome Lichtenergie freigeben, wenn sie sich ändern, nehmen vererbbare Gene Strahlung auf, wenn sie mutieren.

Licht und Leben hängen an dieser Stelle tatsächlich sehr eng zusammen, wie Delbrück in der Mitte der 1930er Jahre mit dem genannten Genetiker und einem weiteren Physiker sah und was Gene erstmals als Strukturen in Zellen verstehen ließ, die vom Licht getroffen und verwandelt werden konnten. Und nicht nur das – sie konnten jetzt etwa mit Hilfe von Röntgenstrahlen gezielt verändert werden, und damit wurde die moderne Genetik endgültig die exakte Wissenschaft, in der sich bald immer mehr Physiker umschauten.

Delbrück unternahm damals bereits den heroischen Versuch, der kosmischen Höhenstrahlung, die aus dem Weltall kommt und die Erde erreicht, eine maßgebliche Rolle in der Evolution zuzuschreiben, bei der ja vielfach über Jahrmillionen immer wieder neue Mutationen auftreten müssen, deren Wirkungen sich dann in einer natürlichen Selektion zu bewähren haben. Aber so schnell konnte auch der wissenschaftliche Preuße nicht aus der Hüfte schießen, und Delbrück musste bald einsehen, dass dieses große Thema zunächst noch seine Kenntnisse und die der genetisch tätigen Kollegen weit überforderte, was aber niemanden daran hinderte, es in seinem oder ihrem Herzen weiter zu bewegen.

Trotzdem – während er dienstlich für Lise Meitner zu berechnen hatte, was passiert, wenn man Strahlen auf Atome wie Uran lenkt, orientierte sich Delbrücks eigentliches Interesse in den privaten Stunden des Tages immer mehr auf die Frage, was das Licht macht, wenn es auf Gene trifft, auch wenn er das von Bohr angesprochene Wasserstoffatom der Biologie noch nicht gefunden hatte und die unruhig zappelnden Fliegen im Laboratorium eher Mühe machten.

In Berlin sollte Delbrück das ersehnte Wasserstoffatom des Lebens auch nicht antreffen. Er musste dafür viele Tausend Kilometer von zu Hause weg fahren und bis nach Kalifornien reisen, und ermöglicht hat ihm diesen weiten Weg ans Ziel erneut die Rockefeller Stiftung, die ihm bereits den Aufenthalt bei Bohr in Kopenhagen finanziert hatte. Sie bot ihm 1937 ein Stipendium für einen Amerikaaufenthalt an, was Delbrück begeistert annahm, ohne zu ahnen, dass er sich dabei auf eine Reise ohne Rückkehr begab. Denn was ursprünglich für zwei Jahre geplant war – das Ticket für die geplante Heimfahrt war für September 1939 ausgestellt –, bekam durch die große Weltpolitik mit ihrem Krieg eine besondere Dimension, die Delbrück schließlich zu einem Bürger Amerikas machte und ihm hier die Gelegenheit bot, nicht nur eine neue Wissenschaft von den Genen zu entwickeln, sondern dabei zugleich eine umwälzende Erfahrung zu machen.

Die Lektion, die Delbrück als Forscher im Verlauf seines Lebens lernen konnte, bestand darin, dass ein Wissenschaftler die Welt stärker und mehr verändern kann als jeder Politiker oder General, und der Forscher kann das erreichen, während er still in einer Ecke seiner Kammer sitzt und über seine Experimente nachdenkt.

Wer die Jahrzehnte nach dem Zweiten Weltkrieg auch nur oberflächlich – aber möglichst vorurteilsfrei – anschaut, in denen die Molekularbiologie, die Kybernetik, die Informatik, der Transistor, die Gentechnik, der Laser, das Internet ersonnen und zur Anwendung gekommen sind und immer mehr wissenschaftsgetriebene Entwicklungen angefangen haben, das Leben der Menschen tiefgreifend zu beeinflussen und ihre Geschichte im Großen und Kleinen zu ermöglichen, der kann nur anerkennen, wie recht Delbrück zum einen hatte und wie wenig sich die Gesellschaft diesen Gedanken ihres Werdegangs bislang zu eigen gemacht hat.

Wer die Gegenwart verstehen will, muss vor allem die Geschichte der Wissenschaft kennen und er kann gerne auf das Stammeln der Statisten verzichten, die als Soziologen nur beweisen, dass sie an dieser Stelle versagt haben und den real wirksamen historischen Ereignissen bestenfalls hinterherhecheln, weshalb sie sich auch so gerne von ihnen fernhalten und stattdessen – wenn auch vergeblich – der Zukunft zuwenden, um sie mit allerlei Brimborium vorhersagen. Bohr hätte ihnen sagen können, dass Prognosen dann besonders knifflig werden, wenn sie sich auf die Zukunft beziehen.

Allerdings – als die Vertreter der Rockefeller Stiftung 1937 an Delbrücks Tür klopften und ihm das Angebot machten, seinen genetischen Neigungen in den USA nachzugehen, gab es weder die Molekularbiologie noch kannte man die Kernspaltung, die aber bald – im Dezember 1938 – in Berlin beobachtet wurde und letztlich in den frühen 1940er Jahren zur Atombombe führte, und zwar nicht in Deutschland, dafür aber in den USA, mit all den politischen und militärischen Folgen, die in aller Welt nach wie vor diskutiert werden und gesellschaftlich relevant bleiben und vielen Menschen Sorgen bereiten.

Kulturimperialismus

Als Delbrück sich in Berlin auf seine Abreise vorbreitete, wirkte die Welt äußerlich auf den ersten Blick noch ruhig, was man aber für das Innenleben der Rockefeller Stiftung nicht sagen konnte. Dass sie damals ihre Beamten ausschickte, um Leute wie Delbrück zu angeln und in die USA zu locken, spielte sich im Anschluss an dramatische Entscheidungen ab, mit deren Umsetzung das Führungspersonal der Stiftung einen ungeheuren Wandel in der Welt eingeleitet und auch vollzogen hat, der es verdient, sehr viel besser und breiter bekannt zu sein.

Es geht vor allem um zwei Entscheidungen, von denen die erste eiskalt erkannt und ausgenutzt hat, dass Europa mit den verblendeten und geifernden Nationalsozialisten in Deutschland auf einen Krieg zusteuerte und europaweit den Judenmord plante. Nie – so die Stiftung – würde es leichter und billiger sein, den amerikanischen Universitäten die Qualität deutscher, französischer, britischer und italienischer Forscher zu verschaffen, wobei niemand in New York auf die Idee kam, bei den genannten Nationen Halt zu machen und der Auftrag lautete, möglichst weitflächig nach Gelehrten zu suchen, die man in den USA mit der hier wachsenden Zahl an Bildungsinstitutionen gebrauchen konnte.

Tatsächlich gelang dabei der immense und weitreichende kulturelle Coup, mit dem in den kommenden Jahren die Wissenschaftssprache Deutsch auf einen hinteren Rang verbannt und als Weltsprache der Forschung fortan das eigene Englisch zum Zuge kam. Vor allem die neue Wissenschaft der Molekularbiologie spricht seit dieser Wende Amerikanisch, die zudem – dies die zweite maßgebliche Entscheidung der Rockefeller Stiftung – deshalb bevorzugt mit Millionenbeträgen gefördert wurde, weil man es in den USA endlich schaffen wollte, viele soziale Probleme – unter anderem die Rauschgiftsucht, die Scheidungsraten, die hohe Zahl der Schulabbrecher, die städtische Kriminalität, das Analphabetentum – streng wissenschaftlich zu lösen, und man hoffte, dies im Rahmen einer mathematisch zu fundierenden Lebenswissenschaft organisieren und umsetzen zu können, der man bald den attraktiven Namen Molekularbiologie gab, auch wenn zunächst niemand genau wusste oder sagen konnte, wie diese Disziplin funktionieren und ihre Aufgabe erfüllen sollte.

Die Wahrheit im Keller

Als Delbrück Rockefeller Stipendiat wurde, kümmerte ihn das politische Drumherum nicht – falls es damals überhaupt Informationen dazu gab, was an dieser Stelle bezweifelt wird –, und er trug bei seiner naturgemäß damals ziemlich lang dauernden Reise von Berlin nach Kalifornien vor allem den Wunsch im Herzen, endlich das Wasserstoffatom der Biologie zu finden, das Bohr als Quelle des Wissens bezeichnet hat.

Kalifornien – das meinte in Delbrücks Fall konkret das bei Los Angeles liegende Städtchen Pasadena, in dem es seit den 1920er Jahren eine technische Universität gab, die Caltech – California Institute of Technology – genannt wurde und ihre Besucher mit einem Spruchband empfing, „Die Wahrheit wird euch frei machen". In diesem wissenschaftlichen Wahrheitstempel kümmerten sich einige berühmte Genetiker um Fliegen der Sorte Drosophila. Zwar sollte Delbrück mit den zahlreich vorhandenen Mutanten dieses sich rasch vermehrenden Insekts arbeiten, aber er wusste dank seiner Berliner Erfahrungen längst, dass er da nur seine Zeit vertun und nicht finden würde, wonach er suchte.

Zum Glück verfügte das Caltech über einen Keller, und in dem versuchte damals ein einsamer Biologe namens Emory Ellis Kleinstlebewesen zu erkunden, die er dem städtischen Abwasser entnommen hatte. Delbrück traf Ellis und fragte ihn, was bei seinem Suchen passiert und wie dabei vorgegangen wurde, und er erfuhr, dass einige Biologen nach Lebensformen Ausschau hielten, die kleiner als Bakterien waren und Viren hießen.

Das Wort Virus leitet sich vom lateinischen Ausdruck für „giftiger Saft“ her, wobei der Gedanke, dass Viren eher etwas Flüssiges sind, durch die Beobachtung aufgekommen war, dass sich diese Gebilde in der Lage zeigten, Filterpapier zu passieren, das Bakterien festhalten würde. Wenn man allerdings anschließend den dabei gesammelten Rückstand auf dem Rasen auftrug, den Bakterien in einer Schale gebildet hatten, nachdem sie dort mit Nährstoffen versorgt worden waren, dann zeigten sich nach einiger Zeit Löcher in dem dichten Teppich aus den bakteriellen Zellen, was selbst Einstein – wie Delbrück zu hören bekam – davon überzeugen konnte, dass die Viren nicht als Flüssigkeit, sondern als separate Partikel existierten, nachdem man dem berühmten Mann eine entsprechende Versuchsanordnung gezeigt hatte. Eines von den Viren würde ein Loch in den Rasen stampfen, wie man sich vorstellte, ohne in irgendeinem Detail sagen zu können, was mit den Zellen passiert, wenn ein Virus auf ein Bakterium trifft und sich vielleicht an ihm festbeißt.

Die Erforschung der Bakterien und ihrer Viren plätscherte zu der Zeit so vor sich hin, weil niemand viel davon erwartete und man sich überhaupt nur mit dem Thema befasste, weil sich in der damaligen Biomedizin erste Hinweise erkennen ließen und sich Gerüchte hielten, dass Viren Krebs auslösen konnten, wobei natürlich niemand ernsthaft annahm, dass damit die Viren etwas zu schaffen haben sollten, deren Ziel nicht in der Zerstörung menschlicher Zellen, sondern in dem Auflösen von Bakterien lag. Diese Viren ließen sich nur besser untersuchen, wie man meinte und hoffte, und so hantierte Ellis im Keller des Caltech mit dem Abwasser von Los Angeles herum, um die sich hierin tummelnden winzigen Giftspritzen herauszufischen.

Was Delbrück elektrisierte, als er ihn besuchte und seinem Treiben zusah, bestand zum einen in der Information, dass es in der Sphäre des Lebens kleinste Organismen gab, so wie es in der Welt der Physik ein kleinstes Atom gab, nämlich das Wasserstoffatom.

Und Delbrück faszinierte zum zweiten die Tatsache, dass sich dank dieser Winzlinge etwas Quantitatives (Zählbares) zeigte, nämlich die Löcher in dem Rasen aus Bakterien. Damit sollte er sich als Physiker doch auskennen, und so nahm er diese Spur auf. Delbrück überließ die Fliegen anderen Forschern, blieb im Keller der Universität und überlegte, wie er Ellis helfen konnte, die genaue Zahl der Viren zu bestimmen, die sich im Abwasser finden ließen.

Die Biologie gehörte damals zu den ganz jungen Wissenschaften, die noch nicht viel mit den statistischen Methoden in Berührung gekommen war, die für Delbrück das tägliche Brot ausgemacht hatten, als er sich bei Lise Meitner mit der Radioaktivität und ihrer Berechnung beschäftigen musste. Seine entsprechenden Kenntnisse erlaubten ihm bald den Nachweis, dass ein Loch in dem Rasen tatsächlich von einem einzigen Virus herrührte, was die Biologen nach und nach dazu brachte, den Viren, die Bakterien angreifen, einen neuen Namen zu geben und als Bakteriophagen zu bezeichnen, was an einen Sarkophag erinnert, einen Fleischfresser eben.

Bald setzte sich die Kurzform Phagen durch, und mit diesem Wort kann man sagen, dass Delbrück in der damit bezeichneten Lebensform endlich das Wasserstoffatom der Biologie gefunden hat, wie er es sich vorgenommen hatte. Wie sich nämlich in den 1940er Jahren herausstellte, besteht ein Phage wie ein Wasserstoffatom aus zwei Teilen. Das Atom aus einem Elektron und einen Proton und der Phage aus einer Molekülsorte namens Protein und einer Molekülsorte namens Nukleinsäure, genauer aus der Variante, die als DNA bekannt und berühmt geworden ist.

In dieser zweigeteilten Einfachheit erfüllte der Phage zu Beginn der 1950er Jahre genau die Hoffnung, die Bohr zwei Jahrzehnte vorher in Kopenhagen ausgedrückt hatte. Wie elegante Experimente damals nämlich zeigen konnten, besteht ein Phagenpartikel aus DNA und Protein, wenn es ein Bakterium besetzt, um danach nur die DNA in die befallene Zelle zu injizieren. Dieses Molekül ist dann hier in der Lage, neue Phagen anfertigen zu lassen, die zuletzt, wenn sie in genügend großer Zahl vorliegen, die Hülle des Bakteriums platzen lassen und ausschwärmen.

Es ist also die DNA, in der die Bauanleitung von Phagen steckt, was die Biologen nach und nach zu der generellen Einsicht brachte, dass diese Molekülsorte in allen Zellen den Stoff abgibt, aus dem die Gene sind. Die jetzt vermehrt eingeleitete und bald wild gewordene Suche nach der Struktur dieser Nukleinsäure brachte 1953 die legendäre Doppelhelix zum Vorschein, mit der dic Molekularbiologie einen frühen Höhepunkt erreichte und endgültig den Schwung aufnahm, der sie bis heute trägt und das Erbgut immer mehr in die Hände von Menschen legt.

Doch bevor dies zum Thema – zu einem paradoxen und keineswegs gradlinig fortschrittlichen Thema – wird, gilt es noch eine historische Anmerkung einzuschieben, die einen wissenschaftlichen Tatbestand betrifft, der gerne übersehen wird, obwohl er eher lustig ist und Spaß machen kann. Es geht um die Verwendung des Wortes Gen für die DNA der Viren, die Bakterien fressen, und in dem Zusammenhang auch um die Erbsubstanz der Bakterien selbst, die mit ihr auch über Gene verfügen.

Heute wird ganz selbstverständlich von Genen von Bakterien und ihren Phagen geredet, was auch sinnvoll erscheint und eine zutreffende Ausdrucksweise ausmacht. Als sich allerdings Delbrück in den 1940er

Jahren über diese Mikroorganismen beugte, lagen die Dinge keineswegs so klar. Vielmehr zweifelten viele Genetiker daran, ob sich die Idee eines Gens, die sich bei Organismen als tragfähig erwies, die sich sexuell vermehren – Fliegen und Menschen zum Beispiel –, auch angewendet werden kann, wenn sich die Zellen einfach nur teilen, um Nachwuchs zu bekommen, wie es die Bakterien scheinbar ausschließlich hielten.

Zwar wurde später entdeckt – übrigens von französischen und italienischen Forschern –, dass auch diese armen Dinger ihren Sex haben – sie gehen dabei allerdings anders als Menschen vor –, aber bis zu dieser Einsicht sollte es noch dauern, was aber nichts an der beeindruckenden Schönheit der Doppelhelix aus DNA änderte.

Bei ihrer Erschaffung war es zwei Biologen in einem englischen Laboratorium gelungen, die verfügbaren Daten ihrer Wissenschaft phantasievoll in eine molekulare Struktur zu verwandeln, die deshalb atemberaubend war, weil der Blick auf sie unmittelbar zu erkennen gab, wie sich das Leben fortpflanzt – es musste nur seine Erbsubstanz erst teilen und dann aufteilen, nämlich auf die zwei Zellen, die aus der einen entstehen, die dabei ihren Lebenswillen vollzieht und den Wunsch erfüllt bekommt, zwei zu werden.

Paarungen

Der grandiose Vorschlag der Doppelhelix stammt von dem Duo, das aus dem Amerikaner James D. Watson und dem Briten Francis Crick bestand, und an dieser Stelle erlaubt sich der Autor den Hinweis, dass er fast überall, wo es wichtig und spannend wird, auf die Zahl Zwei stößt – bei der Dualität des Lichts, beim Wasserstoff mit seinen zwei Bestandteilen, beim Phagen mit seinen beiden Molekülsorten, bei der Doppelhelix mit ihren gegenseitig sich umwindenden Strängen, bei der Einteilung der Welt in „res cogitans" und „res extensa", wie es René Descartes im 17. Jahrhundert gemacht hat, um Geist und Materie zu sondern, bei jedem Gegenstand, der sein Innen und Außen hat, bei der Nacht, die dem Tag folgt oder umgekehrt, bei dem Denken, das sich dem Fühlen zugesellt, bei dem erfolgreichen Forscherpaar aus Watson und Crick, dem man viele weitere Paare an die Seite stellen könnte, zum Beispiel das Duo, das Delbrück mit dem Italiener Salvatore Luria schmiedete und das gemeinsam half, die Bakterien und ihre Viren der Genetik zugänglich zu machen.

Natürlich kommt auch – dies schon einmal vorweg – die Liebe nicht ohne die Zwei aus, die dann eine Einheit oder das Eine wird, wobei es jetzt leider nicht ausbleiben kann, auch daran zu erinnern, dass diese Zahl sogar in dem Zweifel steckt, den der Teufel sät, in dessen Bezeichnung wiederum die Zwei nicht überhört werden kann.

Natürlich lebt das Konzept der Komplementarität von dieser Zahl, die zudem zur Grundlage der Weltanschauung geworden ist, die in den Jahren der Romantik entwickelt wurde, als deren Vertreter von einem Gesetz der Polaritäten sprachen und sich die damit gemeinten sich ergänzenden Kräfte überall finden ließen – beim Licht und der Materie, beim Wachen und Träumen, bei Mann und Frau, beim bewussten und unbewussten Denken, im rationalen Argumentieren und emotionalen Empfinden und so könnte man noch mehr aufzählen und weiter fortfahren, wobei das Doppelwesen des Menschen zuletzt genannt werden soll, der als Einzelner vor einem anderen Einzelnen steht und doch nur in einer Gemeinschaft leben kann, die als Familie beginnt, als Freundeskreis zunimmt und zuletzt staatliche Strukturen und Dimensionen erreicht.

Hier wird die Ansicht vertreten, dass die grundlegende Zweiheit oder Dualität oder Polarität in der untrennbaren Verbindung von Sein und Werden steckt. Jedes Sein besteht oder entsteht im Werden, was die deutsche Sprache in dem zauberhaften Wort Bildung ausdrücken kann, auch wenn die öffentliche Diskussion mit diesem Ausdruck etwas anderes meint. Aber mit der eigentlichen Bedeutung der Bildung lässt sich feststellen, dass das schöne Wort sowohl einen Prozess, den des Bildens und Schaffens eines Kunstwerks zum Beispiel, als auch ein Ergebnis erfasst, nämlich das gebildete und erschaffene Werk. Und wenn das Leben mit seinen Genen eines vermag, dann kann es sich selbst hervorbringen mit der dazugehörigen Morphogenese oder Gestaltbildung, bei der trotz der zunehmenden Kenntnisse vieler Details noch längst nicht klar ist, wie die Gene da hineinspielen, was nicht zuletzt dieser Geschichten vom Licht, vom Leben und von der Liebe ihre eigene Würze gibt, was erst etwas später genauer angesprochen wird.

Eine neue Richtung

Jetzt gilt es die Merkwürdigkeit zu vermelden, dass Delbrück im Angesicht der Doppelhelix nicht jubilierte, sondern sich – im Gegenteil – etwas deprimiert von den Genen lossagte und eine neue Herausforderung suchte. Wenn hier ein großer Bogen erlaubt ist, lässt sich sagen, dass Delbrück nach dem Wasserstoffatom der Genetik nun das Wasserstoffatom der Wahrnehmung zu finden versuchte – oder meinte er den Phagen der Sinnlichkeit? –, aber von dieser Stelle an lassen wir ihn allein – obwohl sich der Autor als einer von Delbrücks letzten Doktoranden in den 1970er Jahren an dessen neuem Projekt beteiligte, ohne bei der Suche nach den Anfängen der Wahrnehmung auch nur ein klein wenig so weit zu kommen wie sein Lehrer bei den Anfängen der Vererbung.

Als Delbrück der Genetik den Rücken zukehrte, stand ihm ein klares Ziel vor Augen, das er meinte erreichen zu können, nämlich ein Experiment hinzubekommen, wie es Ernest Rutherford 1913 gelungen war, als er mit traditionellen Methoden nachweisen konnte, dass Atome einen Kern erkennen ließen, während man gleichzeitig wusste, dass die klassische Physik mit solch einer Konstellation, in der Elektronen wie Planeten auf Umlaufbahnen eine Mitte umkreisten, nicht fertig werden konnte.

Wie konnte oder musste solch ein Versuch aussehen, wenn er statt mit einem Atom mit einer Zelle durchgeführt wurde und an dessen Ende das biologische Denken gezwungen war, neue Wege zu gehen und sich komplementär auszurichten, um das Leben zu erfassen?

Was sich mit dieser Frage besser verstehen lässt, ist die Enttäuschung, die Delbrück im Angesicht der Doppelhelix überkam, die doch all seine Kollegen jubilieren und viele andere Disziplinen der Wissenschaft vor Neid erblassen ließ. Doch die Doppelhelix aus DNA zerstörte Delbrücks eigentlichen Traum, im zellulären Leben ähnlich paradoxe Situationen wie in der Physik und damit in der Biologie dieselbe Form der Komplementarität zu finden, auf die Einstein als Erster beim Licht mit seinem Doppelcharakter Welle-Teilchen getroffen war und die Bohr wichtig schien, weshalb er sie in Kopenhagen in seiner Rede über „Licht und Leben" zum eigentlichen Thema machte.

Mit der Doppelhelix schien sich das Leben – wenigstens auf seiner genetischen Ebene – vollständig und ohne paradoxe Haken mit mechanischen Modellen erklären zu lassen und keinerlei geheimnisvolle Zweiteilung wie das Licht zu benötigen. So muss man sich jedenfalls die damalige Sicht Delbrücks vorstellen, die sicher auch die beiden Schöpfer der Doppelhelix teilten, da sie nach dem ersten Betrachten der magisch wirkenden Konstruktion alle Scheu fahren ließen und jedem Menschen in Hörweite zuriefen, sie hätten das Geheimnis des Lebens gefunden.

Zur Erinnerung – das Licht bewahrt gerade sein Geheimnis dadurch, dass es sowohl als Welle als auch als Teilchen in Erscheinung treten kann, und nun soll das Leben sein Geheimnis in Form einer Molekülstruktur oder eines Modells preisgeben, und sei beides noch so attraktiv und raffiniert?

Immerhin – Delbrück gab sich im Angesicht der Doppelhelix geschlagen, was im Rückblick die Frage erlaubt oder erfordert, ob er da nicht zu leicht das Feld geräumt und von der Eleganz des Modells geblendet das tiefe Geheimnis übersehen hat, das sich in der aus zwei Strängen bestehenden Struktur des Erbmaterials dem Betrachter darbietet. Die Doppelhelix erscheint wie ein öffentliches Geheimnis, bei dem sich zwei Teile so eng umarmen, dass man den Eindruck bekommt, sie geben ein Liebespaar ab, aus dessen Vereinigung neues Leben entstehen kann, was ja in jeder Hinsicht der Fall ist. Gehört zu der Doppelhelix nicht irgendwo doch die Komplementarität, die Bohr und Delbrück im Leben vermutet haben und finden wollten? Und kann man nicht insgesamt die geheimnisvolle Spannung dieses ausgreifenden Gedankens dem Leben zuordnen, um auf diese Weise mehr über dessen wunderbare Eigenheiten staunen zu können?

Wenn man mit Bohrs Gedanken der Komplementarität über das unmittelbare Gegenüber der Bilder von Teilchen und Welle hinausgeht, treten die physikalischen Eigenschaften zutage, die man mit Worten wie „diskretes Teilchen an seinem Ort“ oder „ausgedehntes Erscheinen in einem Feld“ zwar etwas spröde, aber deutlich charakterisieren kann.

Um diesen Unterschied deutlich zu machen, soll er am Beispiel des Elektrons ausprobiert werden, das wie das Licht die Qualitäten von Welle und Teilchen in sich bündelt, die hier allerdings im umgekehrter Reihenfolge bemerkt und akzeptiert wurden. Während man vom Licht zunächst – im Laufe des 19. Jahrhunderts – überzeugt annehmen konnte, es mit einer Welle zu tun zu haben und dessen Strahlen auch so beschreiben zu können, dachten die Physiker bei einem Elektron lange Zeit an ein kleines Kügelchen, also ein Teilchen, dessen Masse sie außerdem vermessen hatten.

Deshalb konnte in den 1920er Jahren zunächst niemand glauben, dass auch diese Elektronen die Eigenschaften von Wellen zeigen und also nicht nur an einem Ort, sondern eher räumlich ausgeschmiert und eigentlich überall anzutreffen sind – eben wie das Licht, bei dem man sich umgekehrt bis heute nicht so recht vorstellen kann, wie die Teilchen auszusehen haben, aus denen es bestehen muss und die man heute Photonen nennt. Als Einstein starb, hatte er sich fünfzig Jahre mit dieser Frage beschäftigt, ohne einer Antwort näher gekommen zu sein. Immerhin konnte er dabei das schöne Gefühl erleben, das mit Geheimnissen einhergeht, wenn man sich auf sie einlässt.

Bewegte Beweger

Wenn Komplementarität das ist, was Quantenobjekte wie Photonen und Elektronen auszeichnet, dann heißt das, dass sie nicht nur an einem Ort anzutreffen, sondern sich zugleich weiter im Raum bemerkbar machen und den Charakter eines Feldes erkennen lassen. Beim Elektron ist damit nicht nur das elektrische Feld gemeint, das von seiner Ladung ausgeht – wo auch immer die dazugehörige Energie in dem Elektron stecken mag –, beim Elektron kommt erschwerend hinzu, dass es sich nicht festhalten lässt und sich ständig bewegt und dabei wie eine Wolke einen räumlichen Bereich abdeckt, eben das, was die Physiker als sein Bewegungs- oder Wirkungsfeld zu fassen versuchen.

Komplementarität im weiteren Sinn meint, dass etwas nur durch seinen Ort und seinen Wirkungskreis, sein Feld, zugleich zu verstehen ist, ohne dass sich beide zugleich ins Auge fassen ließen, wenn man mit einem Blick genau hinsehen und etwa eine Messung vornehmen möchte. Und unter diesen Vorgaben lässt sich nun sagen, dass ein Gen eine Struktur des Lebens ist, die nur komplementär zu fassen ist, wenn mit Gen ein Etwas gemeint ist, das im Leben eine Rolle spielt und es gestaltet.

Natürlich kommt einem Gen in einer Zelle ein Ort zu, und der wird durch das Stück DNA ausfindig gemacht, aus dem es aufgebaut und geformt ist.

Aber dieses dicht umlagerte Molekül an seinem Platz bekommt erst dadurch seine biologisch wirksame Rolle als Gen, das es in den ihn tragenden Körper mit all seinen Zellen hineinwirkt und es ihm erlaubt, die Formen anzunehmen, zu gestalten und wachsen zu lassen, die sich an ihm zeigen und auf unterschiedliche Weise zu erkennen sind – seine Finger, seine Augen, seine Organe und was alles von einer Haut umgeben gebraucht wird, um zu leben oder als Leben gezählt und anerkannt zu werden.

Die DNA mag ein Molekül sein, das fest und elegant an seinem Platz liegt, wie es auf vielen Bildern in bunten Illustrierten zu sehen ist. In der dynamischen Wirklichkeit der Zelle wird diese weiche und flexible Struktur aber umwimmelt, besetzt, beeinflusst, unentwegt bearbeitet und immer wieder rekombiniert und neu zusammengesetzt von anderen chemischen Bausteinen, die erst durch ihr massenhaftes Erscheinen und ihr spezifisch ausgerichtet angelegtes Eingreifen aus der schlummernden DNA das aktive Gen machen, das dann Einfluss auf das Leben nehmen kann. Dabei zeigen die seit dem Aufkommen der Gentechnik im Jahre 1973 immer tiefer in das genetische Geschehen hineinreichenden Experimente, dass die DNA nicht nur das Leben einer Zelle bewegt oder in Bewegung versetzt, sondern dass die Doppelhelix selbst unentwegt umgebaut und in ihrer Zusammensetzung den aktuellen Verhältnissen angepasst wird, die natürlich jemand kennen und melden muss, wie noch zu erfahren ist und nicht ohne Folgen für ein lebendiges Verständnis der Gene bleibt.

Auf eine kurze Formel gebracht lässt sich jetzt schon sagen, dass Gene keineswegs unbewegte Beweger sind – eine berühmte Formel von Aristoteles –, die ihre Anweisungen geben und dann weiter liegen bleiben. Gene erweisen sich vielmehr als bewegte Beweger, die auch Informationen bekommen und verarbeiten, was an die weiter oben angesprochene Zusammengehörigkeit von Sein und Werden angeschlossen werden.

Gene sind nämlich nicht, vor allem nicht etwas Stabiles, Gene sind etwas Dynamisches und werden nur (immer wieder anders). Oder hübscher gesagt: Das Sein der Gene steckt in ihrem Werden, was im Übrigen zu dem Vorschlag geführt hat, die Abläufe des Lebens – seine Morphogenese zum Beispiel und sein Wachstum – nicht durch Substantive wie Gen, sondern durch Verben wie „genen“ zu erfassen. Gene genen, und dadurch lebt das Leben, wie man an dieser Stelle sagen könnte – und die Welt weltet, wie Anhänger von Martin Heidegger hier sicher gerne einschieben würden, auch wenn das ziemlich weitläufig und eher zu groß tönt. Wenn Gene genen, kann die Welt welten und der Philosoph philosophieren.

Es ist trotz dieses Wortgeklingels im Grund ganz einfach. Gene findet man an einem Ort in einer Zelle, wie es sich für ein Teilchen gehört, sie befinden sich aber zugleich auch in einer turbulenten Wechselwirkung mit dem ganzen Geschehen um sie herum, was ihnen neben der partikulären Qualität noch den Wellencharakter des Lichts oder den Feldcharakter des Elektrons verleiht, wie er oben beschrieben worden ist.

Viele Betrachter oder Berichterstatter über die moderne Biologie machen heute noch den gleichen Fehler, der Delbrück in den 1950er Jahren unterlaufen ist, als er meinte, mit der Doppelhelix liege fest, was Gene ausmacht und können. Dabei geht es mit der Doppelhelix und ihrer Information erst los, die auf diese Weise nicht das Geheimnis des Lebens preisgibt, sondern vielmehr das Geheimnis des Lebens darstellt, was gleich nach einer Zwischenbemerkung vertieft – und nicht etwa erhellt – wird, wie es sich gehört, wenn es um Mysteriöse oder Mysterien geht.

Die Zwischenbemerkung möchte noch einmal auf Delbrück eingehen, der ja als Physiker ausgebildet und als Biologie berühmt und geehrt worden ist. Zwischen den beiden genannten Wissenschaften steckt noch die Chemie, die ihre eigene Geschichte kennt und ihr eigenes Denken entwickelt hat, wie man unmittelbar und ohne Details durch den Hinweis klarmachen kann, dass Biologie und Physik Namen tragen, die über einen griechischen Ursprung verfügen, während die Chemie arabische Wurzeln aufweist. Dieser sicherlich spannende und eher rätselhafte Hinweis muss hier genügen, und er reicht vielleicht auch aus, um die Ansicht zu verstehen, dass Delbrück nicht zuletzt deshalb mit dem Erscheinen der Doppelhelix seinen Abschied von der Biologie nahm, weil diese Wissenschaft von nun an nicht mehr in den Händen der Physiker lag und stattdessen von Chemikern betrieben werden konnte. Als der Nobelpreisträger Wolfgang Pauli, ein Freund Delbrücks, von seiner ersten Frau verlassen wurde, hat den Physiker vor allem geärgert, dass sie nach ihm einen Chemiker genommen und den interessanter gefunden hat, womit dieses Thema aber erschöpft sein und abgeschlossen werden soll.

Die Rolle der Gene

Natürlich stürzten sich viele Biochemiker auf die DNA, nachdem die Doppelhelix bekannt und vertraut war, und sie wollten mit ihren Untersuchungen – wie die Vertreter anderer Disziplinen, etwa den Embryologen oder Physiologen – unter anderem wissen, wie die Gene ihre große und eigentliche Aufgabe erfüllen, die weit über das Verstehen ihrer molekularen Mechanismen hinausgeht. Als Molekül konnte man die DNA durch die Information charakterisieren, die in der Reihenfolge ihrer Bausteine steckt, die inzwischen auch als ihre Sequenz bezeichnet und in diesen Tagen massenhaft ermittelt und erstellt wird. Mittels dieser als „genetisch" bezeichneten Informationen verstand es eine Zelle offenbar, die andere Molekülsorte anzufertigen, die oben bei den Phagen genannt wurde und unter der Bezeichnung Proteine eine ungeheure Vielfalt an Formen aufweist und entsprechend viele Aufgaben übernehmen kann, die das Leben benötigt, wenn Zellen atmen, Signale empfangen, sich teilen und so weiter.

So bewundernswert die Fortschritte der Molekularbiologen in den 1960er und 1970er Jahren waren, und so erstaunlich die jüngsten Ergebnisse der genetischen Forschung daherkommen – die wundersame Fähigkeit eines sich entwickelnden und ausprägenden Lebens, an unterschiedlichen Stellen des wachsenden Gewebes unterschiedliche Formen wie

Hände und Finger hervor zu zaubern und im ganzen Körper Hunderte von Zellarten mit ihren verschieden angeordneten und jeweils besonderen Genen auszubilden – Leberzellen, Hautzellen, Haarzellen, Hirnzellen, Muskelzellen, Knochenzellen und mehr –, vor dieser wahrlich wunderbaren Eigenschaft des Leben stehen die Wissenschaftler voller Staunen und Ehrfurcht wie am ersten Tag mit und nach der Doppelhelix.

Das heißt, den biologischen Disziplinen scheint es sogar die Sprache zu verschlagen, wenn sie das „heilig öffentliche Geheimnis" des Lebens vor ihren Augen betrachten, wie Goethe es einmal in einem Rätselgedicht (Epirrhema) ausgedrückt hat, in dem es um das Wechselspiel von innen und außen geht. Das betrifft die Gene, die ja innen vorbereiten, was außen benötigt wird, und wie sollten sie dazu in der Lage sein, wenn das Außen nicht mit Hilfe von Signalen zu ihnen nach Innen gelangt?

Wer zu diesem grundlegende Thema der Genwirkung ein modernes Standardlehrbuch aufschlägt, wird bald finden, dass die Experten davon sprechen, Gene enthielten ein Programm, mit dessen Hilfe die körperliche Entwicklung vollzogen wird, was aber nur verrät, dass der Autor den Text mit einem Computer mit einem Wortverarbeitungsprogramm geschrieben und er angefangen hat, wie diese Maschine zu denken.

Computer müssen natürlich programmiert werden, aber das Leben kommt ohne Programmierung und auch ohne Programmierer aus. Es bringt sich selbst hervor, wobei es wie erwähnt rätselhaft bleibt, wie es dabei innen versorgt und von hier aus vorgehen muss, um das Außen zu schaffen, in dem sich das mit ihnen ausgestattete Lebewesen aufhält und bewähren muss. Das heißt, es stellt allein schon ein Rätsel – oder gar ein Mysterium – dar, wie es ein sich entwickelnder Organismus schafft, die Stellen in dem wachsenden Gewebe zu finden oder zu kennen, an denen die zellulären Gene so zu aktivieren sind und zu agieren haben, dass Strukturen wie Flügel und Fühler bei Fliegen oder Haare und Hoden bei Hunden oder Muskel und Magen bei Menschen entstehen können.

Das genetische Material einer Zelle, das inzwischen den kürzeren Namen Genom bekommen hat, muss mindestens wissen, wo es sich in einem entstehenden Lebewesen befindet. Und das heißt, dass das Genom über ein System der Wahrnehmung verfügen muss, um dank der damit gesammelten Informationen die eigene Aktivität dem Ort anpassen zu können, an dem die Zelle finden ist, in dem es sich befindet.

Mit anderen Worten, Gene bekommen Informationen, um zu wissen, welche Informationen sie ihrerseits einsetzen sollen, die dem Leben an der betreffenden Stelle die Form geben, die an diesem

Platz vorgesehen ist – wobei es sicher nicht leicht fällt, Fragen dieser Art zu beantworten, wer da was wann vorgesehen hat und wie vorgegangen wird, um das Ziel zu erreichen. Dieses Ziel muss im Genom, in den Genen einer jeden Zelle angelegt sein, was sich auch so ausdrücken lässt, dass im Genom die Idee des Lebewesens steckt, die mit Hilfe der DNA und ihrer molekularen Auswirkungen ausgeführt wird – so wie sich die Idee zu einem Bild im Kopf eines Künstlers finden lässt, der sie mit seinen Händen und Instrumenten umsetzt, wenn ihm eine Leinwand zur Verfügung steht.

Morphogenetische Felder

Bevor dieser große Gedanke zum Tragen kommt, sollte eine andere Vorstellung angesprochen werden, die zurück zu dem Genom führt und von ihm ausgeht, da es in der Zelle darauf wartet, seine Aufgabe zu erfüllen und mit dem Bau der Formen die Gestaltung des Lebens zu übernehmen und mit der dazugehörigen künstlerischen Arbeit zu beginnen. Offensichtlich versteht man das Genom nicht, wenn man nur seinen Ort – seinen partikulären Charakter – ins Auge fasst, was Embryologen schon seit Jahrzehnten wissen, weshalb einige von ihnen schon seit längerem einen besonderen Vorschlag unterbreitet haben, um die organisierte Dynamik der geprägten Form, die lebend sich entwickelt und keine Macht der Welt zerstückelt, wie es bei Goethe heißt, die sich vielmehr immer neu bildet, auf den Begriff zu bringen.

Gemeint ist die Idee eines morphogenetischen Feldes, die heute im Zeitalter der molekularen Erklärungen eher vergessen zu sein scheint, obwohl sie bereits in den 1920er Jahren aufkam, als auch die Quantenmechanik formuliert wurde. Zu den Urhebern des gestaltbildenden, also morphogenetischen Feldes gehört der Biologe Paul Weiß, der noch im 19. Jahrhundert in Wien geboren worden und fast 100jährig in New York gestorben ist. Wie andere Biologen auch, konnte Weiß vor der Hinwendung der Genetik zu den Bakterien und Phagen zeigen, dass die Organisation eines Embryos und seine sich ausbildenden Formen natürlich mit Hilfe von Genprodukten (Proteinen) aktiv strukturiert wurden, aber Weiß übersah dabei nicht, dass die Gestaltbildung, die wachsende Zellen im Laufe ihres Teilens und Wanderns erleben, darüber hinaus von physikalischen und chemischen Faktoren – Ladungsträgern und Biomolekülen – beeinflusst wird, die sich um das wachsende Gewebe herum angesammelt und verteilt haben (und natürlich auch ihren eigenen – vielleicht sogar in der DNA zu lokalisierenden – Ursprung haben). Paul Weiß sprach bei den dazugehörigen Anordnungen oder molekularen Mustern von morphogenetischen Feldern, die Organismen in ihrem Gewebe aufbauen und aufrecht erhalten, und dabei griff er auf einen Ausdruck zurück, der hier zwar schon eingebracht worden ist, dessen historische Herkunft aber wenigstens einen kurzen Blick lohnt.

Die Einführung des Feldes als eine wirksame physikalische Größe – als elektrisches oder magnetisches Feld, was allen aus der Schulzeit und dem Alltag vertraut ist – verdankt die Wissenschaft den Vertretern der Romantik, die ohne weiteres bereit waren, sichtbare Kraftwirkungen durch unsichtbare Felder zu erklären – was später noch eine große Rolle spielen wird, wenn die magische Liebe im frühen 19. Jahrhundert eine magnetische Grundierung bekommt.

Die Trennung und gleichberechtigte Bewertung des Sichtbaren und Unsichtbaren gehörte – wie die Einführung des Bewussten und Unbewussten – zur polaren Weltanschauung der Romantiker. Und ihrem Vorbild eiferte Paul Weiß nach, als er die sichtbare Formbildung außen auf unsichtbare Felder innen zurückführte, nur dass seine Kollegen nach dem Aufkommen der Molekularbiologie meinten, ohne solch eine Zusatzgröße aus- und alleine mit der Aktivität der DNA und ihrer Information hinzukommen.

Formgebung scheint heute ausschließlich eine Sache von Genen zu sein, und vielen Bioforschern gefällt es nach wie vor, sich in diesem reduktionistischen Rahmen zu bewegen, den Physiker gespannt haben. Diese historische Vorgabe hat dazu geführt, dass heute nur noch Wissenschaftler das Konzept eines morphogenetischen Feldes propagieren, die eher als Außenseiter abgetan werden. Gemeint ist zum Beispiel der britische Biologe Rupert Sheldrake, der in den 1980er Jahren eine Theorie des morphogenetischen Feldes vorgelegt und dabei insgesamt die Idee eines schöpferischen Universums vertreten hat, die das 19. Jahrhundert noch mit philosophischen Formulierungen wie „Die Welt als Wille und Vorstellung" ausdrücken konnte. In diesem Werk vertritt der Philosoph Arthur Schopenhauer die Idee, dass „sich schon in den niedrigsten Erscheinungen" das zeigt, was „die Basis unseres eigens Wesens ausmacht“, und diesen Gedanken lohnt es sich zu merken, wenn man auch vorsichtig mit ihm umgehen sollte.

Den biographischen Ausgangspunkt von Sheldrakes Aufspüren von morphogenetischen Feldern lieferte ihm die konkret im Labor verfolgte wissenschaftliche Frage, wie es Pflanzen so unterschiedlicher Arten wie Rosen oder Palmen hinbekommen, ihren Blättern die charakteristische Form zu geben – eine Frage, die Goethe verstanden und sympathisch gefunden hätte.

Der Dichter neigte bekanntlich der Ansicht zu, „Alles ist Blatt“, wie er in seinen Notizen aus Italien geschrieben hat. „Alles ist Blatt, und durch diese Einfachheit wird die größte Mannigfaltigkeit möglich“, wie der vielleicht wahre, aber keineswegs klare Satz weitergeht, wobei Goethe diese ihn während der italienischen Reise in Palermo blitzartig überfallene Einsicht zur Grundlage seiner Theorie der Gestaltwerdung, also der Morphologie der Pflanze, machen wollte. Goethe war tief von dem Gedanken überzeugt und erfüllt, dass die Bildung aller Gestalten und Formen der Natur aus einem Grundplan heraus zu verstehen ist, also „durch die mannigfaltigste Wiederholung des ursprünglichen Bildungstypus“, wie er es ausdrückte. Und diese Vorgabe begründete für Goethe in seinen wundersamen Worten „die Notwendigkeit der genetischen Methode für alle Naturwissenschaft“.

Genetisch – Genetik – Gen

Goethes Verwendung von „genetisch“ hat natürlich wenig oder nichts mit der aktuellen Bedeutung des Attributs zu tun, wobei es den derzeit hektisch tätigen und massenhaft Daten herbeischaffen und abspeichernden Genomforschern gut tun würde, sich an die Reihenfolge zu erinnern, mit der ihre Kernbegriffe aufgetaucht sind.

Am Anfang stand keineswegs das Gen. Erst gab es vielmehr den Einsatz von „genetisch“ – nämlich schon bei Goethe –, danach kam die „Genetik“ in Sprachgebrauch – nämlich 1906 – und erst zuletzt machte das „Gen“ selbst sein Debüt, und zwar im Jahre 1909, als man versuchte, die Länge von Bohnenstauden und deren Vererbung auf solche Elemente zurückzuführen und damit zu verstehen.

Als das Gen auftauchte, bestand nicht die Absicht, damit eine stabile Struktur oder gar ein Molekül zu benennen, und vielleicht sollte die Genetik zu ihren Ursprüngen zurückkehren. Wer heute meint, „genetisch“ drücke allein aus, dass etwas von Genen abgeleitet oder bedingt wird, der verschenkt einen großen Teil der Bedeutung, die sich zeigt, wenn sich die biologischen Wissenschaften dem grundlegenden Thema zuwenden, das sie seit Jahrtausenden fasziniert und trotzdem rätselhaft bleibt, wie oben geschildert. Gemeint ist die spannend bleibende Frage, wie aus einem mehr oder weniger gestaltlosen

Ei ein hochgradig strukturiertes und morphologisch differenziertes Lebewesen hervorgehen und wie man diesen komplexen Vorgang einem wissenschaftlichen Verstehen zuführen kann.

Die zitierte Notwendigkeit der genetischen Methode hat damit zu tun, dass „die gesamte Natur als ein unendliches in ewiger Bildung und Umbildung begriffenes Ganzes zu denken“ ist, wie Goethe gemeint und geschrieben hat, als es ihm um die „Grundzüge allgemeiner Naturbetrachtung“ ging. Er legte dabei besonderen Wert auf den hier bereits angeführten doppelten Aspekt des Wortes „Bildung“, das nicht nur das Hervorbringen einer Form bezeichnet, sondern auch erfasst, was hervorgebracht worden ist. Für Goethe war es wie für jeden Kunstkenner und -liebhaber unsinnig, das Gemachte vom Machen zu trennen – ebenso wenig wie den Schöpfer von seiner Schöpfung –, wenn die prägende Form sich lebendig entwickelt, und er würde sich im Grabe umdrehen, wenn ihm das maschinelle Konzept des genetischen Programms zu Ohren käme, mit dem viele der heute tätigen Biologen meinen, erfassen oder gar erklären zu können, was passiert, wenn ein Organismus entsteht – zum Beispiel eine Pflanze oder eine Fliege. Natürlich braucht es genetisches Material – an seinem Ort –, aber die dort zu findende DNA braucht auch das richtige Umfeld – ein von ihr mitgeprägtes morphogenetisches Feld –, um zum Leben hin zu führen, und das ist genau, was den Genen die Komplementarität verschafft, die Bohr erwartet und Delbrück gesucht hat.

Bei der Komplementarität braucht es als notwendige Bedingung Beschreibungen, die sich widersprechen, und sie liegen vor, wenn man erst die DNA als Molekül und dann ein Gen als Feldwirkung beschreibt. Wer das Molekül erfasst – indem das Erbgut oder Genom zum Beispiel erst sequenziert und dann in einer Computerdatei aufbewahrt wird –, hat das Leben, das mit ihm möglich ist, längst aus den Augen verloren, so wie jemand, der beim Suchen nach dem Ort eines Elektrons derart mit ihm zusammenstösst, dass seine damit bewirkte Bewegung (Geschwindigkeit) es überall hinführen kann, vor allem weg von dem Ort, auf den ein Beobachter seinen Blick richtet. Das Genom in einem Computer stammt zwar von einer Zelle, in der Maschine ist es aber mausetot – was nicht bedeutet, dass die dort versammelten Daten sinnlos und ohne Bedeutung bleiben. Sie stecken nicht im Leben selbst und stehen ihm nur leblos und unorganisch gegenüber, was niemanden an dem Versuch zu hindern braucht, das Leben trotzdem mit ihnen zusammen zu begreifen.

Alles ist Blatt

Zurück zu Goethe: „Alles ist Blatt" – damit wollte der Italienreisende vermutlich nicht zuletzt eine intuitiv-imaginative Einsicht ausdrücken und sagen, dass Pflanzenteile verschiedene Manifestationen eines einzigen Themas sind, eines Urbauplans, wie es in den Jahren der Romantik gerne genannt wurde. In seiner Schrift über die „Metamorphose" sprach er von der „geheimen Verwandtschaft" der Blätter, des Kelchs, der Krone und der Staubfäden, „welche sich nach einander und gleichsam aus einander entwickeln" (wobei aus heutiger Sicht das hübsche „gleichsam" Aufmerksamkeit verdient und deshalb zu betonen ist).

An dieser Stelle muss angemerkt werden, dass die Verwendung des schlichten „Blatts" es modernen Zeitgenossen schwer macht, Goethes genetische Gedanken hinter dem Allerweltswort zu finden, mit dem heute vor allem das bezeichnet wird, was im Herbst „Blatt um Blatt" vom Baum fällt. Während wir bei „Blatt" offenbar diese unübersehbare Variation eines Pflanzenteils vor Augen haben, dachte Goethe mehr an das allgemeine Thema, das den Variationen zugrunde liegt und in der Pflanze angelegt sein muss.

Goethe wollte nicht sagen, dass alle Pflanzenteile umgeformte – d.h. durch Metamorphose gebildete – Blätter sind, wie viele Botaniker ihn missverstanden haben. Für ihn war das Blatt eine Frage der Bildung, wobei allerdings nirgendwo in seinen Schriften deutlich genug zum Ausdruck kommt, dass das von ihm erkannte und gemeinte Bildungsprinzip leider nicht so geschaffen war, dass er oder andere mit dem Finger darauf deuten und es anschauen konnten. Tatsächlich blieb Goethe die Natur des „Blattes" über das Gesagte hinaus unzugänglich, und es hat bis in unsere Tage gedauert, bevor die genetischen und biochemischen Methoden verfügbar waren, mit denen man versuchte, den Schleier des Geheimnisses ein wenig zu lüften, aber nur, um dabei zu finden, dass er den Menschen erhalten bleibt und ihre Neugierde am Leben hält.

Wer verstehen will, was beim wissenschaftlichen Heben des Schleiers abgesehen von hübschen Nukleinsäuren und anderen quirligen Molekülsorten sichtbar wird, wenn sich die darauf ausgerichteten Molekularbiologen daran versuchen, muss mit dem schönen Gedanken ernst machen, dass sich organisches Entwickeln und kreatives Malen als vergleichbare Vorgänge beschreiben lassen. Sie lassen auf jeden Fall besser als eine maschinelle Programmierung verstehen, was das Leben vermag, wenn es aus sich heraus entsteht.

Hauptpunkt des Vergleichs ist die untrennbare Einheit von Plan und Ausführung, die sich beim Malen durch die Rückwirkung ergibt, die das auf der Leinwand entstehende und wahrgenommene Bild auf die ursprüngliche Konzeption hat, mit der ein

Künstler sich ans Werk macht. Und bei der biologischen Entwicklung mit der dazugehörigen Gestaltbildung spielen nicht zuletzt die Gene eine maßgebliche Rolle, die auf andere Gene wirken und deren Aktivität bestimmen oder beeinflussen.

Streng wissenschaftlich betrachtet und auf der molekularen Ebene gesehen haben Gene vor allem die Aufgabe, einer Zelle zu sagen, wie die raffinierten Moleküle hergestellt werden, die man Proteine nennt und die für vielerlei Reaktionen in einer Zelle nötig sind. Ohne Proteine gäbe es weder Wachstum noch Stoffwechsel, und auch wären Lebewesen nicht in der Lage, mit ihrer Umwelt in Kontakt zu treten. Was ein Beobachter sieht, der eine Pflanze betrachtet – so sagt es die moderne Biologie –, ist das Ergebnis der katalytischen Tätigkeit von emsigen und rastlosen Proteinen, die von Genen stammen, die ihrerseits zuvor von anderen Proteinen aktiviert worden sind.

Damit zeigt sich einer der vielen eleganten Tricks des Lebens, nämlich nicht nur Gene für Proteine, sondern auch umgekehrt Proteine für Gene zu kennen und einzusetzen, und mit Hilfe dieser oftmals in populären Texten nur am Rande erwähnten Wunderdinger kann man Goethe jetzt noch näher kommen, denn – so paradox dies auch klingen mag – die wirklich – in seinem Wortsinne – als die eigentlichen genetischen Elemente der sich entwickelnden Formen des Lebens zu identifizierenden Akteure müssen die Proteine angesehen werden.

Und tatsächlich: Es ist deren von Genen ausgehende und eingeleitete Verteilung im Organismus, die man konkret fassbar als morphogenetisches Feld bezeichnen könnte. Diese Sicht lässt ein Muster an Aktivität entstehen und erkennen, das ein auf die Idee der Komplementarität eingestelltes Herz höher schlagen lässt. Denn da Gene und Proteine untrennbar zusammengehören, wenn das Leben gelingen und sich selbst erschaffen soll, lassen sich die Gene als ortsfeste Teilchen im Zellkern und die von ihnen ausgehenden und in Zellsäften ausschwärmenden Proteine als die dazugehörige Welle deuten.

Damit lässt sich das Leben philosophisch konzeptionell so an das Licht anbinden, wie es in den 1930er Jahren unter dem Titel „Licht und Leben“ anvisiert wurde, und der Autor wüsste zu gerne, was Bohr oder Delbrück zu dieser Auflösung ihrer Aufgabe oder zu diesem Angebot auf ihre Herausforderung gesagt hätten.

Wer ein morphogenetisches Feld anschaulich verstehen will, wer in der Morphogenese eine künstlerische Tätigkeit sieht und sich an einen Maler wie Willi Baumeister erinnert, der kann sich das eben erwähnte Muster an biochemischer Aktivität als ein Muster zum Beispiel aus Farben vorstellen, die das Leben dem Gewebe aufmalt und vorgibt, wenn es wächst. Aus und mit ihm bilden sich im Laufe der

Entwicklung die sichtbaren Strukturen heraus, die Botaniker im konkreten Fall als Wirtel kennen und bei denen zwei oder mehr Blätter von einem Knoten ausgehen.

Mit dieser Vorgabe kommen schließlich und zuletzt die Blattformen zustande, die sich in der fertigen Pflanze als Frucht-, Staub-, Blüten- und Kelchblatt unterscheiden lassen und zu dem Wort „Alles ist Blatt" ermutigen. Dieses Prinzip findet sich dabei nicht nur bei Pflanzen, sondern bei allen Lebensformen, wie an dieser Stelle nur erwähnt und nicht im molekularen Detail ausgeführt wird, nur das sich die Muster der genannten Proteine für Gene zu anderen Strukturen ausbilden – im Falle von Fliegen und Menschen zum Beispiel zu den Körpersegmenten oder Gliedmaßen.

Die sichtbaren Wirtel der Pflanzen entstehen wie die ebenfalls anschaubaren Segmente von Fliegen oder die Glieder von Menschen aus unsichtbaren Proteinmustern, und es lohnt sich, mit einem hübschen Ausdruck in beiden Fällen von dem Thema zu sprechen, das in der Entwicklung der Organismen eine Rolle spielt oder gespielt wird, wenn man musikalisch denkt und sich das Leben als eine Symphonie vorstellt. Allerdings gilt es, eine Differenzierung vorzunehmen und die dem Auge – oder anderen Sinnesorganen – zugeeigneten Formen als explizites Thema von dem impliziten Thema zu unterscheiden, mit dem die zum Beispiel dem Auge verborgenen Muster gemeint sind.

Wie wichtig es ist, die – wiederum zwei – Begriffe explizit und implizit auseinanderzuhalten, lässt sich am besten durch einen Vergleich mit der Malkunst erläutern. Bei einem Gemälde erkennt man zum einen den dargestellten Gegenstand – zum Beispiel eine Landschaft –, und man erkennt zum zweiten, wer die abgebildete Landschaft gemalt hat. Ein Bild von Paul Cezanne sieht anders aus als ein Bild von Vincent van Gogh, weil der Stil der beiden Maler verschieden ist, wie man gerne und verständlich sagen kann. Dieser individuelle Malstil kann als implizites Thema eines Bildes verstanden werden, während das Gezeigte selbst als explizites Thema in Erscheinung tritt.

Der für die Morphogenese entscheidende Punkt besteht nun darin, dass Goethe mit „Blatt“ das implizite Thema der Organe einer Pflanze meinte, das sich in dem Muster derjenigen Proteine zeigt, die regulativen Zugriff auf die informativen Gene ausüben, um die Bildung des Organismus im Wechselspiel zwischen Plan und Ausführung voran zu bringen. Und so, wie das implizite Thema eines Gemäldes dem Kopf des Künstlers entspringt, hat das implizite Thema der Lebenskreation seinen Ursprung nicht in der äußeren, sondern in der inneren Welt, die unseren Augen vorenthalten bleibt. Goethe hat sie auf seine Weise geschaut, und die modernen Genetiker haben sie auf ihre Weise gefunden. Die Bühne für die Morphologie ist also bereitet. Wem gelingt oder wer wagt es, sie in Zukunft zu betreten, um die Bildung der Natur zu verstehen, ohne dem unsäglichen Programmieren noch weiter Raum zu gewähren?

Die Urpflanze

Übrigens – wenn es um Goethe und die Pflanzen geht, lässt sich nicht vermeiden, seinen immer eher skurril wirkenden Gedanken einer Urpflanze aufzugreifen, was allerdings sehr zum Vorteil der Genetik möglich ist, wie gleich gezeigt wird, wenn man sich nicht scheut, die Doppelhelix aus DNA mit diesem Begriff zu bezeichnen.

Bevor dieser Schritt unternommen wird, darf daran erinnert werden, dass sich die Vorsilbe „Ur“ auch in gebräuchlichen Worten wie Ursprung und Urwald findet und ausdrücken soll, dass hier etwas angefangen hat und eben urtümlich ist, wie auch problemlos und ohne begriffliches Turnen verstanden wird. Ihren philosophischen Rang bekam die Vorsilbe aus zwei Buchstaben in den Zeiten der Romantik, als die Vorstellung von „Urphänomenen“ entwickelt wurde, die das meinten, was allen Erscheinungen zugrunde liegt und aus denen das in der Welt Vorgefundene durch Metamorphosen und Gestaltbildung hervorgehen kann. Licht und Dunkelheit galten zum Beispiel als Urphänomene, und in dem hier darzustellenden und anvisierten Zusammenhang lassen sich auch das Leben und die Liebe so charakterisieren, wobei die umfassende Liebe auf ihren Aufritt noch etwas warten muss. Sie kommt gleich ausführlich an die Reihe.

Zu den Urphänomenen zählten die Romantiker auch die Polaritäten, die sich bei der Elektrizität mit ihren beiden Ladungen Plus und Minus und dem Magnetismus mit seinen beiden Polen – Nord- und Südpol – zeigten, was insgesamt den Gedanken plausibel erscheinen lässt, dass beim Werden der Welt durch Metamorphosen immer eine Wahl zwischen zwei Alternativen – Ur-Alternativen – besteht, die man – wenn der große Sprung in die Gegenwart erlaubt ist und mitvollzogen wird – auch als Bits verstehen und im Rahmen einer Informationstheorie untersuchen kann. Diesen Zusammenhang genauer herauszuarbeiten, das hat der Physiker und Philosoph Carl Friedrich von Weizsäcker noch in den 1980er Jahren mit aller geistigen Kraft versucht, als er eine „Ur-Theorie" mit Uren – ohne h – entwickelte, die Quantenstrukturen in den gerade erwähnten Ur-Alternativen ermöglichen sollte.

Dieses Thema ist ein zu weites Feld für diesen Text, der rasch zur Urpflanze und zur Doppelhelix zurückkommen möchte, sich aber vorher nicht den Hinweis verkneifen kann, dass die romantischen Urphänomene Platz in der Psychologie von C. G. Jung gefunden haben und hier als Archetypen im kollektiven Unbewussten darauf warten, ins Licht des Bewusstseins gehoben zu werden, um auf diese Weise träumenden wie nachsinnenden Menschen die Erleuchtung bringen, die ihnen in der Aufklärung versprochen worden ist.

Ja, die Aufklärung. So sehr sie zu schätzen und so unentbehrlich sie für die kulturelle und geistige Entwicklung Europas ist, ohne die - natürlich komplementäre – Romantik in ihrem Gefolge wäre zwar „nicht nichts, aber nicht viel“, wie es in einem Gedicht von Erich Fried über die Liebe heißt, deren Auftritt nicht mehr lange auf sich warten lässt.

Zuvor darf noch einmal die Urpflanze in den Blick genommen und gesagt werden, dass es tatsächlich möglich und sinnvoll ist, die Struktur der Erbsubstanz mit der Urpflanze zu vergleichen, die Goethe auf seiner „Italienischen Reise“ meinte gefunden zu haben. Beide Konfigurationen oder Ideen – die Urpflanze und die Doppelhelix aus DNA – stellen nämlich im besten Sinne romantische Urphänomene dar, mit denen jederzeit eine Vorstellung von der formgebenden Kraft möglich wird, die im Leben und in der Natur ihre Wirkung vollzieht, die aber nur das Staunen bedienen kann und Menschen dazu in die Lage versetzt, in Goethes Sinne endlich ernsthaft und nachhaltig mit dem eigentlichen Geschäft zu beginnen, nämlich die Welt zu erschauen, zu erahnen und zu erfühlen, sich nämlich immer wieder das „heilig öffentliche Geheimnis“ vor die eigenen Augen zu führen, selbst wenn es nur mit einem Molekülmodell geschieht.

Und noch etwas: Auch im trivialen Sprachgebrauch der Politik und einiger Medien scheint inzwischen das Urphänomenale der DNA und den Genen in Form einer Doppelhelix durch, zum Beispiel dann, wenn im öffentlichen Diskurs von der DNA eines Außenministeriums oder den Genen eines erfolgreichen Fußballvereins die Rede ist, was merkwürdigerweise allen verständlich vorkommt und offenbar alles restlos zu erklären scheint, vor allem wenn TV-Moderatoren vollmundig von der deutschen DNA beim Elfmeterschießen plappern, um sich hinterher zu wundern, dass man dabei auch verlieren kann. Dann muss dem Fußballteam dummerweise gerade das Siegergen abhandengekommen sein.

Der Teil und das Ganze

Es wird nun endgültig Zeit für die Liebe, die dem oder der Liebenden verhilft, „mit sich selbst und der Welt in Übereinstimmung“ zu sein, wie es in dem Roman heißt, um den es gleich geht und dessen Autor zwar das Wort Komplementarität ausspart, den dazugehörigen Gedanken aber kennt, wie die zitierte Stelle oder die Bemerkung erkennen lassen, dass „das Bewusstsein zu lieben und geliebt zu werden“ die betroffenen Personen „ins Unendliche“ treiben kann.

Um bei dem schönen und unerschöpflichen Thema – es ist eigentlich immer Zeit für die Liebe – die vielleicht eher spröde erscheinende und auf den ersten Blick störende Komplementarität nicht aus den Augen zu verlieren, sei hier erneut zusammengestellt, was mit diesem Zauberwort über die ursprünglich verstandene Dualität von Licht und Elektronen hinausgehend gemeint sein kann, die sich auch als ihre Entzweiung bezeichnen lässt.

Die seit dem 19. Jahrhundert bekannten und im 20. Jahrhundert in Form von elektronischer Datenverarbeitung für technische Zwecke eingesetzten Elektronen lassen sich wie das Licht mit seinen Photonen nur als Wellen und als Teilchen fassen, wobei der Wellencharakter der von der Natur mit einer Masse ausgestatteten Elektronen zwar immer noch verblüfft, aber durch das tägliche Funktionieren von

Elektronenmikroskopen so unnachgiebig bestätigt wird, dass der Satz „Elektronen sind Wellen“ wahr ist – allerdings ohne zugleich klar zu machen, was passiert und wie das gehen soll, wenn Elektronen interferieren, wie es Wellen vermögen und es bei ihnen dann eben nicht bloß „Licht plus Licht gibt Dunkelheit“ heißen kann, sondern vielmehr nachweislich gilt, „Masse plus Masse hebt sich auf“. Masse plus Masse gibt „nicht nichts, aber nicht viel“, um erneut aus dem Liebesgedicht zu zitieren und die Sachlage freundlicher auszudrücken, wobei nach dem letzten Wort sinnvollerweise etwas zu ergänzen und „nicht viel Energie“ gemeint ist.

Komplementarität meint tatsächlich mehr als diese Dualität oder Dichotomie physikalischer Objekte, und ein umfassenderes Verständnis zeigt sich, wenn man die große Unterscheidung ins Visier nimmt, die sich im Laufe der Physikgeschichte des 20. Jahrhunderts herausgebildet hat und an deren heutigen Ende sich zwei ungemein erfolgreiche und fast legendäre Theorien nahezu unversöhnlich gegenüberstehen und seit längerem gespannt aber vergebens auf ihre Vereinheitlichung warten. Gemeint ist auf der einen Seite die unvermeidliche Quantenmechanik, die mit dem Namen von Bohr (und anderen wie Werner Heisenberg) verbunden und für Atome zuständig ist und sich also dem Kleinsten zuwendet, das Menschen kennen.

Und gemeint ist auf der anderen Seite die allgemeine Theorie der Relativität, die mit dem Namen von Einstein (und kaum einem anderen) verbunden und für den Kosmos zuständig ist und sich also um das Größte kümmert, das Menschen kennen. Während der zentrale Parameter der Quantenmechanik ein diskreter Winzling namens Quantum der Wirkung ist, das Atome zu Sprüngen veranlasst, stellt die Relativitätstheorie das Weltall als ein kontinuierliches Feld dar, das Gravitationswirkung ausüben kann. Die (ausgebreitete) Welle und das (lokalisierte) Teilchen beim Licht, das (kontinuierliche) Feld und das (diskontinuierliche) Quantum in den physikalischen Theorien, das beides zeigt die Komplementarität in Reinkultur und macht den Gedanken fast unvermeidlich, dass man vornehmlich mit ihrer Hilfe die Welt zwar verstehen kann, aber eben so, dass sie dabei ihren Platz unter dem Schleier des Geheimnisvollen behält, wie es neugierigen Menschen nur gefallen kann.

Wer sich in der aktuellen Physik umschaut, wird immer wieder zu hören oder zu lesen bekommen, dass es zu den verschwiegenen – also verheimlichten – Befunden der modernen Naturwissenschaft gehört, dass die beiden größten Theorien, die ihre Vertreter den Menschen anbieten können, nicht zusammenfinden und sich sogar widersprechen. Eine Quantengravitation – also eine Verbindung von Quantenmechanik und allgemeiner Relativitätstheorie zu einer einheitlichen Erfassung der Wirklichkeit – konnte bislang trotz größter Anstrengungen nicht gefunden werden, was an dieser Stelle nicht mehr verwundern wird.

Das Quantum als ein Teil und das Gravitationsfeld als das Ganze der zugänglichen Welt können nur in ihrem Gegenüber eine Kugel bilden, wie es ein Liebespaar im lustvollen und leidenschaftlichen Liebesakt vollzieht, ohne dass die Einzelnen ineinander aufgehen und verschmelzen, auch wenn das innige Gefühl die Menschen in einer seligen Umarmung dazu drängen mag. Die sich umfassenden Menschen und ihre weltumspannenden Theorien – sie müssen beide als Paare gegenüber bleiben und in dieser Haltung oder Stellung die Spannung aufrechterhalten, die zu den erfühlten Geheimnissen in ihnen und der erfüllten Hinwendung zwischen ihnen gehört, mit dem den Menschen die Welt lebenswert erscheint und das Bemühen um ein liebendes Verständnis offen bleiben kann.

Übrigens – noch ein kniffliger Hinweis auf die teuflische Zwei. Sowohl Einsteins kosmologische Theorie mit Feldern als auch Bohrs atomare Mechanik mit Quanten benötigen neben der reellen eine zweite Dimension der Zahl, die man zwar seit der Renaissance kannte, die zuerst aber als unheimlich und unheilvoll verworfen wurde, bevor sie sich im 19. Jahrhundert in romantischer Geisteshaltung und gedanklicher Großzügigkeit als „imaginär“ erfassen und dann auch berechenbar machen ließ. Zwar können in der realen Welt nach wie vor keine imaginären Zahlen ausgemacht werden, aber was in dieser Realität abläuft, kann trotzdem nur mit imaginären Größen aus einer zweiten Zahlendimension beschrieben und berechnet werden, was einem treuen Anhänger des Gedankens der Komplementarität nur Vergnügen bereiten kann, auch wenn es manche Leute stutzen lässt.

Die Wahlverwandtschaften

Es wird aufgefallen sein, dass der Text immer wieder auf die Zeit der Romantik Bezug nimmt, was damit zu tun hat, dass die damit verbundene und bezeichnete geistige Entfaltung der europäischen Kultur die ideale Situationen für das komplementäre Denken schafft, etwa dadurch, dass ihre Vertreter um 1800 auf die fast übermächtig erscheinenden Erfolge der Wissenschaft in den vorangegangenen Jahrhunderten – kurz gesagt, auf Newtons Licht der Erkenntnis – mit poetischen Entwürfen reagierten.

Sie zeigten den Menschen wörtlich als unberechenbar und sich unentwegt selbst entwerfendes und damit keinem Naturgesetz verpflichtetes Wesen, das sich auf der dauernden Suche nach sich selbst befand, wobei der Literaturwissenschaftler Peter von Matt diese künstlerische Antwort auf wissenschaftliche Vorgaben als „Hoffmanns Nacht" zusammengefasst hat. Auf Newtons Licht der aufgeklärten Welt folgte Hoffmanns Nacht der romantischen Menschen, was auch so zu verstehen ist, dass die Verehrer der Nacht lernten, mit dem zweiten (internen) Augenpaar zu schauen, wenn das Licht des Tages von dem ersten (externen) Augenpaar der Menschen verarbeitet worden war und die dazugehörigen Bilder ihnen erste Einsichten in die Mechanismen der materiellen Wirklichkeit verschafft haben, die man auch Realität nennen kann und die Romantikern eher suspekt geblieben ist.

Wichtig an dieser Anmerkung ist nicht so sehr, dass die Romantik den nüchternen und rational verhandelten wissenschaftlichen Tatsachen, die in der Welt vorgefunden werden, im Sinne der Komplementarität emotional wirkende und die einzelne Personen ergriffen sein lassende Werte an die Seite oder gegenüber stellte, die Menschen selbst hervor und in die Welt bringen. Wichtig ist zunächst, dass die damaligen Naturwissenschaften bei Dichtern, Malern und Philosophen einen tiefen Eindruck gemacht haben und sie so faszinierten, dass der neue und neugierige Blick, den ihre Rationalität auf die Welt erlaubte, dabei Einfluss auf ihr Werk nehmen konnte.

Wahrscheinlich am deutlichsten zeigt sich dieser Einfluss bei dem Dichter, Steinkundigen und Farbenforscher Goethe, um dessen Roman „Die Wahlverwandtschaften" es auf den kommenden Seiten gehen soll. Das Buch ist 1809 erschienen und „aus dem Nachdenken über magnetische Kräfte entstanden", wie der eben genannte Peter von Matt festgehalten hat, als er auf beeindruckende Weise „die Sprengkraft der Liebe in einer geordneten Welt" ins Visier genommen hat, wie sie Goethe in seinem Roman zur Entfaltung kommen lässt. Er führt dem Leser dabei die Einsicht vor Augen, wie der immer wieder von Menschen jeder Couleur unternommene

Versuch zum allgemeinen Leidwesen scheitern muss, den Himmel auf Erden einzurichten.

Wer sich in einem Literaturlexikon über „Die Wahlverwandtschaften" informiert, wird erfahren, dass der im Titel des Romans eingesetzte Begriff aus der Chemie stammt, die sich im 18. Jahrhundert endgültig von der Alchemie emanzipierte, um eine systematisch vorgehende Wissenschaft zu werden, die bald eine große Industrie entstehen ließ und mit ihr zur Verwandlung der Welt beitrug, die damals einsetzte. Mit den so erläuterten Wahlverwandtschaften sind chemische Reaktionen von Molekülen gemeint, bei denen sich Stoffe zueinander hingezogen fühlen und neue Verbindungen miteinander eingehen, während sie die alten Kombinationen aufgeben und sich aus ihnen lösen. Im Roman selbst wird von Scheidungen gesprochen – ein Schelm, wer dabei an verheiratete Menschen denkt – und daran erinnert, dass die Chemiker sich auch gerne als Scheidekünstler betrachten, und als Beispiel wird der Kalkstein aufgeführt, der von einer Schwefelsäure ergriffen und im Verlauf der einsetzenden Reaktionen in Gips verwandelt wird.

Tatsächlich kannte man zu Goethes Zeiten die 1775 erschienene Schrift des schwedischen Chemikers Torbren Bergmann, in der „Von den Wahlverwandtschaften" der Elemente – „De attractionibus electivis" – berichtet und dazu ein allgemeines Gesetz formuliert wurde, das von vier paarweise verbundenen Stoffen spricht. Sie halten „gleichsam übers Kreuz“ zusammen, bevor es zu Brodeln beginnt und sich alles neu anordnet und die beteiligten Stoffe ihre Wahlverwandtschaften eingehen.

Über dieses Gesetz und in der gelehrt klingenden Diktion des schwedischen Chemikers unterhalten sich die Figuren in Goethes Roman, was natürlich alles harm- und schwerelos erzählt wird, aber dem Leser immer deutlicher werden lässt, dass sich dabei Schicksalhaftes zusammenbraut. Während sie in den Gesprächen über chemische Wahlverwandtschaften ihr eigenes Verlangen vorwegnehmen, meiden die Protagonisten im Roman wie der Originalartikel „die seltsamen Kunstwörter der Chemie“, die ihnen als zu „beschwerlich“ erscheinen, und sie operieren stattdessen mit Buchstaben, also mit A. B, C und D, was beim Lesen ein wenig verdrießlich stimmt.

Hätte Goethe wenigstens mit den Anfangsbuchstaben seiner Hauptdarsteller operiert – sie heißen in der Reihenfolge ihres Auftretens Eduard, Charlotte und Ottilie, denen sich ein Hauptmann zugesellt, der zwar Otto heißt, wie man erfährt, der aber überwiegend mit seinem militärischen Titel genannt wird –, hätte Goethe also auf die Anfangsbuchstaben seiner Helden zurückgegriffen, hätte der Dichterfürst mit einem ECHO spielen können, also mit dem Namen der Nymphe aus der griechischen Mythologie, die sogar als Stimme der Schöpfung auftreten darf, um die es in dem Roman auch geht.

Da wird nämlich eine Zeichnung betrachtet, die „wie eine neue Schöpfung aussieht“, wenn sie auch nur „aus dem Papier“ besteht, nämlich aus dem Papier, auf dem nach einer Landvermessung Eduards Parkanlagen vom Hauptmann neu konzipiert und sauber gezeichnet worden sind. In dem Kommentar zu den Wahlverwandtschaften, der in der Ausgabe des Deutschen Klassiker Verlags zu finden ist, wird das ECHO im Übrigen als Erinnerungskürzel verstanden und „als Komplement zu jenem Narziß bezeichnet, „auf den sich Eduard in aller Unbefangenheit … beruft“, wenn er sagt, „Der Mensch ist ein wahrer Narziß; er bespiegelt sich überall gern selbst; er legt sich als Folie der ganzen Welt unter.“

So wunderbar komplementär und überzeugend das alles klingt: Mit dem eben Erzählten sind die Leser – hier und im Roman – auf eine falsche Fährte gelockt worden, das heißt, die Späßchen mit dem ECHO und der Nymphe gehören nicht ganz dazu, denn sie dienen dem Hinweis, dass „Die Wahlverwandtschaften“ genau und gerne mit dem doppelten Boden spielen, den kritische Leser erwarten, wie weiter oben schon einmal angemerkt worden ist.

Alles, was die Protagonisten sagen, spielt sich nämlich nicht nur auf der höchst harmlos wirkenden Oberfläche der geschilderten Handlungen ab – auf ihr auf jeden Fall auch –, ihren Worten wohnt immer auch ein dramatischer Doppelsinn inne, wie zum Beispiel das Wort „Scheidungen“ leicht erkennen lässt und wie Peter von Matt an weiteren Beispielen erläutert, um zu dem ungeheuren Schluss zu kommen, „Die Sprache dieses Romans bewegt sich im leichten Duktus der geselligen Konversation und ist zugleich dunkle, antike Orakelrede", die auf ein furchtbares Unheil vorbereitet, das die vier unschuldig und heiter agierenden Personen im Zentrum des Romans trifft. Sie tragen zudem alle die Buchstaben „ott" in ihren vollständigen Namen, die durch eine kleine Verschiebung ein „tot" ergeben, was im Laufe der Lektüre immer deutlicher und unheimlicher zu spüren ist.

Der Literaturwissenschaftler merkt allgemein noch an, dass die unübersehbare „Nachtseite jedes klaren Wortes … den scheinbaren Widerspruch zwischen der beherrschten Form des Romans und seiner haltlosen Tragik" überbrückt, wobei niemanden mehr gesagt werden muss, dass sich in dieser literarischen Analyse der Gedanke der Komplementarität offensichtlich ganz allein zu Wort meldet und wirkt, was dem Autor dieser Zeilen ein reines Vergnügen bereitet.

Es ist an der Zeit, den Inhalt der Wahlverwandtschaften zusammenzufassen, bevor auf den folgenden Seiten erst die übliche Deutung von chemischen Bindungsverhältnissen verworfen und die eigentlich gemeinte Wissenschaft vorgestellt wird, mit der Goethe sich um 1800 beschäftigte. Er wollte sie auf jeden Fall in dem Roman einbringen, um von der bereits zitierten Sprengkraft der Liebe, dieser berühmten Himmelsmacht, erzählen zu können.

Es sei noch eine Vorbemerkung erlaubt, bevor eine inhaltliche Skizze der Wahlverwandtschaften geboten wird, und zwar eine Vorbemerkung der allgemeinen Art, die erneut eine Komplementarität erkennen lässt, nämlich die zwischen Wissenschaft und Kunst. Goethes Roman ist Kunst, und sie besteht in diesem Fall in der kreativen und attraktiven Beschreibung von Handlungsabläufen und Gefühlen, die auftretende Personen dabei begleiten oder motivieren. Dichtung schafft somit einen Wörtersee, in dem die Bedeutungen schwimmen und die Erklärungen zu angeln sind, während Wissenschaft genau das Gegenstück probiert, nämlich all ihr Wissen an einem Angelhaken festzumachen und also in einen oder einige wenige Begriffe zu stecken.

Es geht Chemikern und anderen Forschern nicht um eine Beschreibung, sondern um eine Benennung der Welt und des Geschehens um sie herum, und dann reichen oftmals einzelne Wörter wie etwa Gen, Masse, Energie und Atom, um sich zu verständigen. Der Wissenschaftler steckt seine Kenntnisse und sein Vermögen in Worte, während der Poet sein Wissen in den langen Sätzen und Absätzen von Romanen entfaltet, und wenn jetzt eine Inhaltsangabe der Wahlverwandtschaften folgt, dann muss einem klar sein, dass die kunstvolle Wahrheit des Textes dabei verdeckt wird. Man muss ihn lesen, um sie zu verstehen – wobei es sich lohnt, daran zu erinnern, dass Text etwas mit Textur und also einem Gewebe zu tun hat, so wie man einem wissenschaftlichen Begriff erst dann angemessen begegnet, wenn man sich auf seine Geschichte und die Bilder einlässt, die seine Nennung provoziert. Das Wort und der Text, sie stellen im Licht des Literarischen das dar, was die Physiker als Teilchen und Welle im Licht ihrer Wissenschaft gefunden haben und anbieten.

Genug der Vorreden und hin zu Goethes Roman. Er besteht aus zwei gleichwertigen Teilen – was denn sonst? – mit jeweils 18 Kapiteln, was die Experten als „gezielt gegeneinander komponierten [sprich: komplementären] Hälften des Romans kennzeichnen, in denen der Spiegelname OT-TO erkennbar wird.

Die erzählte Geschichte beginnt mit einem wohlhabenden adligen Ehepaar, mit Eduard und Charlotte, die beide in zweiter Ehe – was denn sonst? – zueinander gefunden haben und sich als eine Art Frührentnerpaar neben dem Spazierengehen mit der Gestaltung des Landguts beschäftigen, das Eduard geerbt hat und auf dem sie wohnen. Die beiden Eheleute möchten aus unterschiedlichen Gründen – und da es ihre Umstände erlauben – Personen auf das Schloss einladen, denen sie oder die ihnen helfen können und sollen. Eduard hat dabei einen als Hauptmann bezeichneten Freund im Sinn, der unverschuldet in finanzielle Not geraten ist und bei der Gestaltung des Schlossparks anpacken kann.

Und Charlotte möchte ihre mittellose Nichte Ottilie um sich wissen, die dann den Haushalt führen könnte, wie es dann auch passiert.

Es passiert natürlich noch mehr, nachdem aus dem einen Paar ein neu sortiertes Doppelpaar geworden ist und zwar fühlt sich Eduard – „gleichsam übers Kreuz“ – bald zu Ottilie und seine Frau im Gegenzug zu seinem Freund, dem Hauptmann, hingezogen, was alle vier Personen in ihrem Innenleben deutlich verspüren, ohne dass sich an den äußeren Verbindungen oder Verhältnissen etwas ändert.

Obwohl oder weil die Eheleute Eduard und Charlotte merken, wie gerne sie sich aus ihrer angestammten Zugehörigkeit lösen und ihrem Wunsch nach Scheidung und dem Wechsel in eine mögliche Wahlverwandtschaft nachgeben möchten, verbringen sie noch einmal eine Nacht voller körperlicher Liebe miteinander, in der sie aber mit ihren Gedanken mehr bei den abwesenden Anderen sind, was eine seltsame (innere) Form von doppeltem Ehebruch ergibt, über die der allwissende Erzähler seine Leser keineswegs im Unklaren lässt: „Eduard hielt nur Ottilien in seinen Armen; Charlotte schwebte der Hauptmann vor der Seele, und so verwebten, wundersam genug, sich Abwesendes und Gegenwärtiges reizend und wonnevoll durcheinander“, wobei Eduard zeitig am nächsten Morgen erwachte und sich davon schlich, so dass sich Charlotte „seltsam genug, allein [fand], als sie erwachte.“

In den kommenden Tagen versucht das Quartett mit seinen Gefühlen zurecht zu kommen, wobei Eduard offen seine Leidenschaft zeigt, dabei allen gegenüber freundlich ist und „mit herzlicher Überzeugung" die freudig komplementäre Empfindung verkündet: „Man muss nur Ein Wesen recht von Grund lieben, da kommen einem die übrigen alle liebenswürdig vor." Er meldet sowohl seinen Wunsch nach einer Scheidung als auch danach Anspruch auf Ottilie an, aber Charlotte will von alldem nichts wissen. Sie meint vielmehr, der Liebe entsagen zu müssen.

Die beiden Männer verlassen gegen Ende des ersten Teils das Schloss, wobei der Hauptmann eine Anstellung findet und der Baron Eduard erst auf ein anderes Anwesen und dann in den Krieg zieht, denn er „sehnte sich nach äußerer Gefahr, um der innerlichen das Gleichgewicht zu halten". Er vollzieht den gefährlichen und dem Tode trotzenden Schritt, nachdem er erfahren hat, dass Charlotte bei dem letzten Liebesabenteuer schwanger geworden ist und neues Leben erwartet. Diese Nachricht zerstört ihrerseits Ottilies Hoffnungen auf ein eigenes neues Leben an Eduards Seite für sie, und so zieht sich das noch junge Fräulein immer mehr in sich selbst zurück und beginnt, ein Tagebuch zu führen, das Blicke in ihr Inneres gewährt.

Im zweiten Teil bringt Charlotte einen Sohn zur Welt, der erstaunlicherweise verblüffende Ähnlichkeiten zum einen nicht mit ihrem Ehemann, dafür aber mit dem Hauptmann erkennen lässt. Und Goethe toppt diese Übereinstimmung dann noch, indem er zum zweiten dem Kind sogar Züge von Ottilie verleiht, um den doppelten Ehebruch und die zweifache Entzweiung unübersehbar zu machen.

Nach einiger Zeit kehrt Eduard wohlbehalten und dekoriert aus dem Krieg zurück, entschlossener denn je, die Scheidung zu erreichen. Der inzwischen zum Major aufgestiegene Hauptmann soll ihm dabei helfen, aber Charlotte zögert und zögert. Sie hat ihr Kind in Ottilies Obhut gegeben, und als Eduard unangemeldet auf sein Landgut zurückkehrt und die beiden bei einem Spaziergang am See trifft, fallen sich die Liebenden zum ersten und letzten Mal in die Arme und treffen sich ihre Lippen zu einem Kuss.

Als Ottilie anschließend mit dem Kind über den See rudern will, verliert sie den Knaben, der ins Wasser fällt und nur noch tot geborgen werden kann. Sowohl Charlotte als auch Ottilie geben sich die Schuld an dem „Verbrechen", wobei sich die Nichte mit einer selbstauferlegten Essensverweigerung bestraft, an deren Folgen sie stirbt. Eduard verliert damit auch jeden Lebenswillen, er stirbt ebenfalls und wird – wie tröstlich – auf Anordnung von Charlotte an der Seite der Geliebten beigesetzt, was die beiden freuen wird, „wenn sie dereinst wieder zusammen erwachen", wie der Roman schließt.

Elektrizität und Magnetismus

In den Jahren, in denen Goethe die Wahlverwandtschaften konzipierte, interessierten ihn neben der Chemie vor allem die Entwicklungen in der Physik, die dieser Disziplin die damals völlig neuen Forschungsbereiche erschloss, die heute als Elektrizität und Magnetismus zur Routine gehören. In den Jahren um 1800 wurde zum Beispiel entdeckt, dass sich ein elektrischer Strom durch eine chemische Installation erzeugen lässt, die heutzutage als Batterie bezeichnet wird und nur noch dann Aufmerksamkeit bekommt, wenn sie leer ist und entsorgt werden muss. In der romantischen Welt stellten die Urformen von Batterien, die vor allem dem Italiener Alessandro Volta zu verdanken waren, einen ungeheuren Fortschritt dar, ließ sich doch plötzlich mit ihrer Hilfe ein Strom nicht mehr nur durch eine mechanische Aktivität wie Reibung, sondern durch eine chemische Versuchsanordnung mit Kupfer- und Zinkplatten erzeugen, und zwar dauerhaft.

Wenn sie es auch nicht wissen konnten, aber vielleicht haben Goethe und einige seiner Zeitgenossen doch geahnt, dass mit solch einer Batterie die Geburtsstunde einer neuen technischen Zivilisation erlebt werden konnte, und tatsächlich – als das 19. Jahrhundert zu Ende ging, konnten die meisten Haushalte in Europa und den USA mit Strom versorgt werden, und von dieser Energiezufuhr hängt inzwischen das gesamte Wohlergehen der Menschheit ab, auch wenn die traditionellen Geschichtsbücher davon wenig erzählen und mehr den Blick auf das Werden von Nationalstaaten in dieser Zeit richten. Der Strom kommt doch schon länger und auch in Zukunft aus der Steckdose, und darüber hinaus interessiert seine Herkunft nicht.

Goethe würde sich sehr über solch ein ungebildetes Desinteresse der Gegenwart wundern. Er fieberte im Jahre 1808 der Vorführung von Experimenten entgegen, in denen elektrische Ströme durch eine wässrige Lösung geleitet wurden, um erst die in ihnen enthaltenen Stoffe zu zersetzen – man sprach von einer Elektrolyse –, und um danach neue Elemente wie Natrium oder Kalium entstehen zu lassen.

Goethe wollte zugleich mehr wissen über die viel diskutierte Entdeckung der „tierischen Elektrizität", die im späten 18. Jahrhundert durch die Beobachtung gelungen war, dass die in Blitzen freigesetzte Elektrizität Muskelzuckungen auslösen kann. Im Umfeld des Dichters wurde auch viel über den „animalischen Magnetismus" gesprochen, den ein Mann namens Franz Anton Mesmer erfolgreich als „Magnetkur" zur Förderung der Gesundheit anbot und bei deren Anwendung viel von einem generellen Magnetismus zwischen Menschen und seelischer Fernwirkung die Rede war.

Im April 1808 hörte Goethe in Weimar einige Vorträge, in denen der Prozess der elektrolytischen

Auflösung und mit der dazugehörigen Anfertigung neuer Elemente vorgeführt wurde, und danach notierte er die ersten Stichworte zu den Wahlverwandtschaften. In seinen Aufzeichnungen verknüpft er dabei „bruchlos“, wie bei Peter von Matt zu erfahren ist, die animalische Elektrizität mit der Theorie magnetischer Kräfte, und so kommt es, dass „in der Wirklichkeit des Romans … das Wirken magnetischer Anziehung und Abstoßung unvergleichlich wichtiger [wird] als die rein chemische Reaktion zwischen den sogenannten wahlverwandten Stoffen“.

Der Literaturwissenschaftler geht sogar noch einen großen Schritt weiter und meint, „die magnetische Kraft … gehört im Roman nicht zum Bereich des uneigentlichen Redens, sie ist kein Gleichnis, sondern eine körperhafte Wirklichkeit.“ Aus der magischen Liebe wird im Roman ein magnetisches Phänomen, was nicht ohne Folgen bleibt.

Wie eng Elektrizität und Magnetismus zusammenhängen, beginnt die Physik etwa zehn Jahre nach dem Erscheinen der Wahlverwandtschaften zu untersuchen, als der Däne Hans Christian Øersted bemerkt, dass beim Einschalten eines elektrischen Stroms eine Magnetnadel in Bewegung gerät, auch wenn sie weit entfernt von dem Draht mit seinem Strom aufgestellt ist.

Wenn etwas Elektrisches etwas Magnetisches beeinflussen kann, dann sollte auch umgekehrt etwas Magnetisches etwas Elektrisches bewirken, wie der englische Physiker Michael Faraday im Anschluss an Øersteds Beobachtung und im Vertrauen auf eine polare Symmetrie der Natur meinte, wie sie die Romantiker unterstellten. Und so machte er sich auf die Suche nach dem, was heute elektromagnetische Induktion heißt und einen Strom durch die Bewegung eines Magnetfeldes in Gang setzt, was die Grundlage aller Stromerzeugung auf dieser Welt liefert. Sie ist damit ein Kind der Romantik, auch wenn man sich an diesen Gedanken beim Anblick der Stromleitungen und Kraftwerke erst gewöhnen muss.

Übrigens – um erklären zu können, wie die Wirkung der Elektrizität in Øersteds Anordnung den Raum durchqueren und die Magnetnadel erreichen kann, hat Faraday vorgeschlagen, von einem elektrischen Feld zu sprechen, das ein Strom aufbaut, wenn er eingeschaltet wird, das den Raum erfüllt und dort auf ein Magnetfeld trifft, mit dem es zu einer Wechselwirkung kommt, die sich im Wackeln der Nadel zu erkennen gibt.

An dieser Stelle steckt der Ursprung der Idee von Feldern, die bald nicht nur elektrische und magnetische, sondern auch kosmische Gravitationsfelder erfasste und in diesem Jahrhundert erneut Triumphe feiern konnte. Denn als das medial gefeierte Higgs-Teilchen in dem großen Beschleuniger am CERN gefunden wurde, da bedeutete dies in den Augen der Physiker vor allem die Bestätigung dafür, dass es tief im Inneren der Materie ein Higgs-Feld gibt, in dem sich Quantenobjekte bewegen müssen, was ihnen die Trägheit verleiht, sie sich als ihre Masse bemerkbar macht, wie der Volksmund es anders als die Physik ausdrückt.

Wie dem auch sei – seit Faraday muss man sich die Welt voller Felder vorstellen, und niemand kann sagen, welche Arten dabei bislang übersehen worden sind, während die dort gebündelten Energien munter ihr dynamisches Geschäft betreiben, wie es vielleicht auch die sympathischen morphogenetischen Felder im werdenden Leben oder deren Erweiterung zu morphischen Feldern tun, für die sich der bereits zitierte Sheldrake stark gemacht hat und die keine biochemischen oder genetischen Verbindungen schaffen, sondern geistige Qualitäten vermitteln. Vielleicht kann sich ja die Idee, die ein Einzelner hat, als morphisches Feld etablieren und sich über diesen Weg ausbreiten und nicht nur Gruppen erfassen, sondern die ganze Welt erreichen.

Der Grund, warum die Idee von Feldern innerhalb der Physik so viel Anklang gefunden hat, steckt in der historischen Tatsache, dass im Anschluss an Faradays Vorschlag der schottische Physiker James Clerk Maxwell höchst erfolgreich versucht hat, das Wechselspiel zwischen elektrischen und magnetischen Feldern und deren Quellen in Form von Ladungen und Strömen mathematisch zu fassen. Er konnte im Verlauf seiner Bemühungen die vier längst legendären Maxwell-Gleichungen vorlegen, die Zeitgenossen so verblüfften, dass einer mit Goethes Worten aus dem Faust fragte, „War es ein Gott, der diese Zeichen schrieb?“ Nein, es war Maxwell, der allerdings meinte, dabei höhere Hilfe erfahren zu haben.

Auf jeden Fall wurde er selbst von Einstein verehrt wie ein Gott, vor allem, weil es Maxwell in seiner Beschreibung der unverbrüchlichen Zweiheit aus Elektrizität und Magnetismus – mit ihren eigenen Entzweiungen, die sich im komplementären Vermögen von Abstoßung zwischen gleich und gleich und Anziehung zwischen gleich und ungleich zu erkennen geben – gelungen war, die innere Einheit zu zeigen, die beide äußeren Erscheinungen miteinander verband. Wenn sich ein elektrisches Feld bewegt, dann erzeugt es dabei ein magnetisches Feld, und umgekehrt passiert dasselbe, was konkret bedeutet, dass es nicht elektrische und getrennt davon magnetische Phänomene, sondern vor allem elektromagnetische Felder und deren Wirkungen gibt, wobei die Physik den Magnetismus heute auf kooperative Eigenschaften von Elektronen und damit auf Elektrizität zurückführt. In diesem Zusammenhang ist wichtig, dass sich die bekannteste elektromagnetische Erscheinung als das Licht zeigt, das aus den Atomen kommt und voller Wunder steckt. Licht – so konnte Maxwell zeigen – bewegt sich als eine elektromagnetische Welle, was eine erste geheimnisvolle

Dualität schon an dieser Stelle ersichtlich werden lässt und den Hinweis erlaubt, dass der später von Einstein bemerkte Teilchencharakter mit der Energie zu tun hat, die solch ein Lichtfeld mit sich führen muss und von der es zugleich getragen wird. Wer im Übrigen wissen will, ob man eigentlich genau weiß, was diese wandlungsfähige Energie ist, die von Atomen ins Freie springt, darf sich sagen lassen, dass er oder sie auf jeden Fall eine gute Frage gestellt hat.

Anziehung und Abstoßung

Zurück zu den Wahlverwandtschaften, dessen Autor die elektromagnetischen Felder noch nicht kennen konnte, der aber von den magnetischen Wirkungen fasziniert war und in der Anziehungskraft eines Magneten das komplementäre Gegenstück zu seiner Fähigkeit zur Abstoßung sah, was im menschlichen Bereich als Zu- und Abneigung verstanden werden konnte und mit der Liebe zwischen Mann und Frau zu tun hat (inzwischen nicht nur, aber um 1800 schon). In seinen Notizen zum Roman schrieb Goethe etwas von einer „Entzweiung" nieder, deren Beobachtung er mit den Worten kommentierte, „aus einer Natur entwickelt sich eine Zweiheit", denen er abschließend noch hinzufügte, „Erregung / immer beides zugleich", was ihm spannende Motive zu seinem Romanprojekt lieferte.

Was die Entzweiung angeht, so führt Goethe sie poetisch und anschaulich am Beispiel von Eduard vor, der es nicht leiden kann, wenn ihm jemand beim Vorlesen über die Schulter schaut. Das heißt, der Baron stößt seine Frau Charlotte zurück, wenn sie sich so in einen Sessel setzt, dass sie mitlesen kann, und er tut dies mit der Begründung, ihm sei dabei, "als wenn ich in zwei Stücke gerissen würde." Völlig anders reagiert Eduard, als die geliebte Ottilie näher zu ihm rückt, um in das Buch zu schauen, aus dem er vorliest. In ihrem Fall schiebt er sogar das Licht (!) der Kerzen so zurecht, dass sie besser mitlesen kann, und er wendet eine Seite erst dann um, wenn auch die Geliebte an ihr Ende gekommen ist. Anziehung statt Abstoßung.

Und es geht noch weiter, denn „die körperliche Wirklichkeit der magnetischen Verbindung zeigt [Goethe] noch an einer anderen Plus-Minus-Polarität", wie bei Peter von Matt zu lesen ist: „beide Liebenden leiden an Kopfschmerzen, Ottilie auf der linken, Eduard auf der rechten Seite", was „artige Gegenbilder" ergibt, wie Goethe es nennt, wenn sich die beiden gegenüber sitzen und beide dort an den Kopf fassen, wo die Schmerzen sind.

In dem Roman werden komplementäre Situationen solcher Art häufig inszeniert und erzählt, und die wohl ergreifendste Szene ereignet sich gegen Ende, als Ottilie sich ihren lautlosen Weg in den Tod sucht. Es heißt dann von dem Liebespaar:

„Nach wie vor übten sie eine unbeschreibliche, fast magische Anziehungskraft gegen einander aus. Sie wohnten unter Einem Dache; aber selbst ohne gerade an einander zu denken, mit anderen Dingen beschäftigt, von der Gesellschaft hin und her gezogen, näherten sie einander. Fanden sie sich in Einem Saale, so dauerte es nicht lange, und sie standen, sie saßen neben einander. Nur die nächste Nähe konnte sie beruhigen, und diese Nähe war genug: nicht eines Blickes, nicht eines Wortes, keiner Gebärde, keiner Berührung bedurfte es, nur des reinen Zusammenseins. Dann waren es nicht zwei Menschen, es war nur

Ein Mensch im bewusstlosen vollkommenen Behagen, mit sich selbst zufrieden und der Welt. Ja, hätte man eins von beiden am letzten Ende der Wohnung festgehalten, das andere hätte sich nach und nach von selbst, ohne Vorsatz, zu ihm hinbewegt."

Mord im Paradies

Die Liebe ist eine Himmelsmacht, sagt man, aber sie kann auch zum Mord führen, wie es ausgerechnet in den Wahlverwandtschaften vorgeführt wird, und gemeint ist oder behauptet wird mit diesen Worten, dass der eher unglücklich erscheinende Tod durch Ertrinken des gemeinsamen Kindes von Eduard und Charlotte ein Verbrechen war, auch wenn es im Wesentlichen um unschuldige Menschen geht, die an den Abläufen beteiligt sind, und niemand Anklage erhoben hat oder erheben wird.

Um zu dem Vorwurf des Mordes zu kommen, müssen zwei Grundhaltungen verknüpft werden, nämlich die Möglichkeit einer magnetischen Bindung zwischen Menschen, die Goethe bei seinen betroffenen Akteuren ins Kalkül zieht und die in den 1808 erschienenen „Ansichten von der Nachtseite der Naturwissenschaften“, die der Philosoph Gotthilf Heinrich Schubert verfasst hat, allgemein festgezurrt und als allgemeingültig beschrieben worden sind. Hier kann man lesen:

„Wenn schon im thierischen Magnetismus … eine solche innige Vereinigung zweyer menschlicher Wesen möglich ist, wo das Eine an allen Bewegungen und Gefühlen des andern Theil nimmt, als ob es ihm selbst geschähe, … so ist es von hieraus nur noch ein Schritt zu dem wunderbaren Mitwissen eines Entfernten um die Schicksale … einer geliebten, nahe verwandten Person. Das Geistige in uns … wirkt durch keine Entfernung gehindert, auf Alles Verwandte hinüber“, wobei in der modernen Wissenschaft keine Klarheit, wie dieses Wirken verstanden und unter ein Naturgesetz gebracht werden kann.

Goethe jedenfalls lässt keinen Zweifel daran, dass er entlang dieser dunklen Linien denkt, wenn er über Ottilie schreibt, „es schien ihr in der Welt nichts mehr unzusammenhängend, wenn sie an den geliebten Mann dachte, und sie begriff nicht, wie ohne ihn noch irgend etwas zusammenhängen konnte.“

Im Roman lässt Goethe Ottilie und Eduard so untrennbar zusammenwachsen, wie komplementäre Gesichtspunkte untrennbar zusammengehören, um dabei das Ganze zu ergeben, das im Licht, im Leben und in der Liebe steckt und sich zeigt, wenn man auf das Trio blickt. In der Liebe der Wahlverwandtschaften beginnt Ottilie in Eduards Handschrift zu schreiben, und wenn die beiden zusammen musizieren, dann übernimmt die Könnerin Ottilie am Klavier alle Fehler des dilettierenden Eduard an der Flöte, das heißt, „sie hatte seine Mängel so zu ihrigen gemacht, dass daraus wieder eine Art von lebendigem Ganzen entsprang“, wie es liebe- und rücksichtsvoll im Roman heißt, in dem mit solchen Vorgaben ein neuer Blick auf den Tod des Kindes fallen kann, wie Peter von Matt eindringlich vorgeführt hat.

Zum einen erfährt der Leser, dass die beiden Männer den Tod des Kindes begrüßen, wobei Eduard es nicht für nötig hält, „das arme Geschöpf zu bedauern“, sondern in dem bereits geschehenen Unglück eine „Fügung“ zu sehen meint, „wodurch jedes Hindernis an seinem Glück auf einmal beseitigt wäre.“ Und als sich die beiden Liebenden am See treffen und der Roman ihnen den höchsten Liebesaugenblick gewährt – „sie wechselten zum erstenmal entschiedene, freie Küsse“ –, als Ottilie „die Sinne zu vergehen drohn“, führt sie, die früher ein professionelles Rudermädchen war, wie Lesende ausdrücklich informiert werden, ohne eigenen Willen beim Rudern Eduards Wunsch aus, indem sie den Knaben mehr oder weniger einfach los und ins Wasser gleiten lässt. Damit man diese sicher unbewusste Ausführung des Mordbefehls auf jeden Fall versteht, lässt Goethe Eduard seiner Ottilie zuvor zurufen, „Ich gehorche deinen Befehlen“, was in den Augen des Literaturwissenschaftlers einen furchtbar ominösen Klang bekommt, denn „er wie sie und sie wie er, und eines gehorcht dem anderen“, wie sich in der Erzählung mit allen bösen Folgen zeigt. Auf diese Weise „kommt das Kind zu Tode“, und „so geschieht im neuen Paradies der erste Mord.“

Verschränkung und Verstrickung

Zurück zum Leben im Licht der Liebe: In den Wahlverwandtschaften stellt Goethe die Liebe zwischen Menschen als etwas dar, das „in den physikalischen Wirkungszusammenhang der ganzen riesigen Natur“ verwoben ist, wobei in der Literatur insgesamt eine geplagte Menschheit oftmals nicht nur versucht, mittels eines Gartens oder eines Parks „ihren geordneten Raum in den Raum der riesigen Natur einzusprengen, sondern auch ihre Zeit, die historische Zeit, dem Zeitkontinuum der Natur entgegenzustellen.“ Selbst hier scheint sie durch, die Idee des Komplementären, man muss nur das Lichtteilchen als Zeitpunkt auffassen und die Lichtwelle als Zeitkontinuum deuten, um auf diese Weise den Gedanken aus der Physik ins Leben zu bringen, was später noch einmal erlaubt wird, wenn Arthur Schopenhauer einen Auftritt bekommt.

Die Zeit, die Menschen erleben, ist oft gefüllt mit Freuden oder Schmerzen, wobei Charlotte die mit der Trennung oder Scheidung einhergehende Pein ebenso verwünscht „wie die totenhafte Zeit“, in der künftig die Schmerzen „würden gelindert sein.“ Solche Sätze lassen die Vorwürfe, die man den Wahlverwandtschaften gemacht hat und die mit dem Ehebruch und dem Kindestod seine radikale Sittenlosigkeit anprangern – Peter von Matt spricht von einer beklagten „Außersittlichkeit“ –, ins Leere laufen.

Der Roman errichtet zugleich auf seinem doppelten Boden auch das komplementäre Gegenstück in Form einer eminenten Sittlichkeit, die heutigen Lesern allerdings einiges abverlangt, vor allem, da vermutlich kommunikativ massenhaft vernetzte Leser im 21. Jahrhundert, die mehr auf iPhones als in Gesichter schauen, das große Thema der Liebe völlig anders als die Menschen zur Goethezeit einordnen, da sie das damit verbundene Fühlen eher als unverbindlich ansehen und sich bestenfalls die Stirn reiben, wenn sie von einer Scheidekunst hören.

Heute wird kaum das magisch Magnetische der Liebe verstanden und mehr daran gedacht, „in jedem beliebigen Stadium aus einer Beziehung aussteigen zu können", wie es in dem Buch heißt, in dem die aus Israel stammende Psychologin Eva Illouz ihr Publikum provoziert und wissen will, „Warum die Liebe", auch wenn das Fragezeichen fehlt. Man bekommt den Eindruck, dass anders als in den Wahlverwandtschaften längst keine Verbindung mehr besteht zwischen dem Begehren von Einzelnen und den Normen der Gesellschaft, was heutzutage vielfach den Grund dafür liefern kann, dass Liebe einfach nicht mehr stattfindet oder bestenfalls im Medium der Kommunikation vollzogen wird, wie die zitierte Cheftheoretikerin der Liebe meint und was einen vor Kälte schaudern lässt.

Was die Gegenwart angeht, so fällt neben ihrer herzlosen Lieblosigkeit ohne besondere Überraschung auf, dass Versuche, eine fürsorgliche, helfende oder heilende Beziehung von Menschen über räumliche und zeitliche Distanzen hinweg zu erklären, natürlich nicht mehr auf den Magnetismus der romantischen Jahre eingeht, sondern sich an Einsichten der Wissenschaft aus dem 20. und 21. Jahrhundert orientieren.

In Zeiten der unverbindlichen Liebe, in denen Bücher erscheinen, die Sex mit Maschinen (Robotern) beschreiben, findet man solch ein Bemühen nicht zuletzt in Kreisen einer systemischen Psychologie, deren Vertreter mit großem Erfolg das sogenannte Familienstellen praktizieren, bei dem einem oder einer Leidenden dadurch geholfen wird, dass der Therapeut eine Konstellation von Familienmitgliedern arrangiert, deren Positionen aber von Stellvertretern eingenommen werden.

Dieses einen Novizen auf Anhieb zunächst eher verwirrende Verfahren wird mit großem Erfolg angeboten, und zwar nicht mehr nur als therapeutisches Verfahren, sondern auch, um bei Unternehmensentscheidungen zu helfen, die in einer immer komplexer werdenden und sich permanent ändernden Welt trotz oder wegen der verfügbaren Fülle an Daten kaum noch der Rationalität anvertraut werden und vielfach aus dem Bauch heraus fallen, wie es heißt.

Konzeptionell wird bei der System-Aufstellung, wie praktizierte Familienkonstellationen auch genannt werden, grundlegend unterstellt, dass innerliche Einstellungen eines Einzelnen auch raum-zeitlich zu spüren und über die Haltung und Position von anderen Personen in der Aufstellung zu beeinflussen sind. Die Versuche, hierfür eine naturwissenschaftliche Grundlage zu finden, gehen dabei derzeit von modernen Tendenzen der Quantenmechanik und den jüngsten Entwicklungen der Genetik aus.

Was die Quantenphysik angeht, so greifen die Deuter des Familienstellens gerne auf das Phänomen der Verschränkung zurück, das zwar in den 1930er Jahren – schon wieder diese ominösen Jahre – bemerkt und benannt worden ist, mit dem sich die Wissenschaftler aber erst seit den 1980er Jahren anfreunden konnten, als die im Englischen als „Entanglement" Verbindung zwischen physikalischen Objekten experimentell nachgewiesen werden konnte. Die Tatsache einer verschränkten Welt bedeutet, dass es nachweislich Wechselwirkungen zwischen Elementarteilchen gibt, die instantan auftreten und ausgreifen, die sich also schneller als Lichtgeschwindigkeit ausbreiten und sich damit außerhalb der Physik befinden. Einstein sprach kurz vor seinem Tod von einer „spukhaften Fernwirkung", an deren Existenz er verständlicher-, aber trotzdem irrtümlicherweise zweifelte.

Wohlgemerkt – die Physik kann heute zeigen, dass die Welt mit Wechselwirkungen ausgefüllt ist, die selbst metaphysisch sind und sich dann eher der immateriellen oder gar spirituellen und weniger der materiellen Sphäre zurechnen lassen, die sie transzendieren. Die Wirklichkeit – so zeigt es die real existierende Verschränkung – ist ein Ganzes, dessen Teile nur dadurch hervortreten, dass Menschen ihnen einen Namen geben, was sie wiederum tun müssen, wenn sie sich über die Welt unterhalten und also miteinander kommunizieren wollen.

Was bei den physikalischen Teilchen Verschränkung heißt, kann auf der Ebene handelnder Menschen gerne Verstrickung genannt werden, und so ist vermutlich ein jeder oder eine jede Einzelne mit einem oder einer Anderen verstrickt, und dank solch einer Verstrickung der vielen Schicksale kann sich die eine Menschheit gegenseitig lieben und helfen, wenn sie es will.

Der Wille zum Leben

Neben dem gerade skizzierten Beitrag der Physik findet seit kurzem auch eine Entwicklung der Genetik Eingang in die Analyse des Familienstellens und den Versuch, seine unübersehbaren Erfolge erklären zu können. Gemeint ist die Epigenetik, die davon erzählen kann, wie etwa die Gene eines Menschen durch die von einem Einzelnen erlebte Umwelt und die von ihm gemachten Erfahrungen durch biochemische Markierungen verändert werden können.

Diese Hinzufügungen zu den Genen – den DNA-Molekülen – können zudem so stabil angelegt werden, dass sie an Nachkommen weitergegeben und also vererbt werden. Durch epigenetische Mechanismen – Details dazu finden sich in meinem Buch „Treffen sich zwei Gene" – kann ein Mädchen zum Beispiel über die Bedingungen informiert sein, unter denen ihre Eltern und Großeltern aufgewachsen sind, auch wenn das junge Ding nicht mit allen Personen irgendwelche persönlich erlebten und bewusst wahrgenommenen Erlebnisse verbindet und die Gegend nur vom Hörensagen kennt, in der ihre Vorfahren vor Jahrzehnten gelebt und vielleicht gehungert haben.

Mit der Epigenetik ist sogar die Möglichkeit gegeben, dass man durch sein eigenes Denken oder durch seinen persönlichen Willen die eigenen Gene beeinflussen kann, und – wenn diese Bemerkung als nicht zu weit hergeholt abgelehnt wird – Goethe hat diesen Gedanken bereits in seinen Roman eingebaut. Wie soll es denn sonst vonstattengegangen sein, dass der kleine – und unglückliche – Otto so aussieht nicht nur wie Ottilie, sondern auch wie der Hauptmann, also die beiden Menschen, in deren Arme sich seine biologischen Eltern Eduard und Charlotte phantasiert haben, als sie ihn in einem letzten Liebesabenteuer gezeugt haben, während sie den doppelten Ehebruch begingen?

Wie dem auch sei – es ist unübersehbar und wirkt somit wie ein archetypisches Bemühen von Menschen, dass jede Epoche auf ihre Weise versucht, die humane Sphäre und ihre gefühlvollen Verbindungen aus solchen Schichten heraus zu verstehen, die dem materiellen Dasein zugrunde liegen und auf denen die Sphäre des Menschlichen errichtet worden ist.

Eine Spekulation dieser Art unternimmt bereits im 19. Jahrhundert der Philosoph Arthur Schopenhauer, der sein entsprechendes Verständnis der Wahlverwandtschaften ausbreitet, wenn er „Die Welt als Wille und Vorstellung“ versteht. Schopenhauer schreibt, in dem Roman wird erkennbar, „dass der Wille, der die Basis unseres eigenen Wesens ausmacht, der selbe ist, welcher sich schon in den niedrigsten, unorganischen Erscheinungen kund giebt, weshalb die Gesetzmäßigkeiten beider Erscheinungen vollkommene Analogie zeigt.“

Es scheint tatsächlich möglich, solch einen Willen tief im Leben ausfindig zu machen, nicht nur weil das schöne Wort vom Lebenswillen vielen Menschen vertraut ist und Mut gibt. Der Wille scheint vielmehr als eine – von einem Molekularbiologen sicher als irrational verspottete – dynamische Qualität bereits in den Zellen und ihren Bausteinen angelegt zu sein, allen voran schon in der DNA selbst, der man ansieht, dass sie sich teilen will. Es ist zudem der Traum einer Zelle, zwei Zellen zu werden, wie der französische Biologe François Jacob einmal geschrieben hat, um sich selbst mit dem Wunder des Wachstums vertraut zu machen.

Sätze dieser Art gefallen, weil es mit ihnen leichter und schöner wird, das Geheimnisvolle des Lebens poetisch anzunehmen und lebendig zu genießen. Irgendwo in der Welt muss es verrückt zugehen, und das Irrationale sollte gefeiert werden. Menschen leben in einer Welt, die voll davon ist. Das Irrationale steckt im diskreten Quantum des Lichts, wie Bohr immer betont hat, weil es plötzlich einfach da war. Das Irrationale agiert als Wille im molekularen Zentrum des Lebens, wie Schopenhauer verstanden hätte, der ihn ja in der Natur selbst beobachten konnte. Und das Irrationale beglückt die Menschen im berauschenden Gefühl der Liebe, wie sicher nicht nur Philosophen und Physiker wissen, sondern wie hoffentlich die meisten Menschen erfahren und wonnevoll erlebt haben. Das Licht im Leben ist die Liebe. Ihre Zeit kommt in der Nacht, wenn die selige Sehnsucht den Menschen hilft, im Anderen das Eine zu finden, und sich in ihrer kugelförmigen Vereinigung das größte Geheimnis offenbart, dessen Wahrheit sie beglückt und weiter verführt.

Literaturhinweise

Goethes „Wahlverwandtschaften“ werden nach der Ausgabe im Deutschen Klassiker Verlag zitiert; Band 11, Frankfurt 22018

Willi Baumeister, „Das Unbekannte in der Kunst“, Köln 1988

Ernst Peter Fischer, „Licht und Leben – Max Delbrück als Wegbereiter der Molekularbiologie“, Konstanz 1985

Ernst Peter Fischer, „Sowohl als auch – Die Tragweite der Idee der Komplementarität“, Hamburg 1987

Ernst Peter Fischer, „Die Hintertreppe zum Quantensprung“, München 2010

Ernst Peter Fischer, „Niels Bohr“, München 2012

Ernst Peter Fischer, „Werner Heisenberg – Ein Wanderer zwischen zwei Welten“, Heidelberg 2014

Ernst Peter Fischer, „Die Verzauberung der Welt“, München 2014

Ernst Peter Fischer, „Treffen sich zwei Gene“, München 2016

Eva Illouz, „Warum die Liebe“, Berlin 2018

Peter von Matt, „Das Wilde und die Ordnung“, München 2007 – hierin der Aufsatz über den „Versuch, den Himmel auf der Erde einzurichten“

Peter von Matt, „Öffentliche Verehrung der Luftgeister“, München 2003 – hierin der Aufsatz „Hofmanns Nacht und Newtons Licht“

Ernst Peter Fischer

geboren 1947 in Wuppertal; Studium der Mathematik und Physik in Köln, Studium der Biologie am California Institute of Technology in Pasadena (USA) (Promotion 1977), Habilitationsstipendiat der DFG im Bereich Wissenschaftsgeschichte (Habilitation 1987); apl. Professor für Wissenschaftsgeschichte an der Universität in Heidelberg; wissenschaftlicher Berater der Stiftung Forum für Verantwortung, Buchautor und Publizist.

Im Laufe seines Schreibens über Wissenschaft hat nicht nur sein Vergnügen an deren Einsichten in die Natur zugenommen, sondern auch sein Wunsch, möglichst vielen Menschen zu zeigen, dass es bei allem Erklären nicht zu einer Entzauberung der Welt, sondern im Gegenteil zu ihrer Verzauberung kommt. Man kommt aus dem Staunen nicht mehr heraus, so wenig wie aus dem Staunen über das eigene Leben. Und das ist das Schönste, das Menschen passieren kann.